Alfred B. Gottwaldt



# Die Baureihe 61 und der Henschel-Wegmann-Zug

Die Geschichte
eines Salonwagenzuges
und seiner Dampflokomotiven

Unter Mitarbeit
von Eduard Bündgen

105 Fotografien
und 56 Zeichnungen

Franckh'sche Verlagshandlung
Stuttgart

Mit 105 Schwarzweißfotos und 56 Zeichnungen

Umschlag von Siegfried Fischer unter Verwendung eines Deckblattes des Deutschen Reichsbahn-Kalenders 1936. Nach einer Farbzeichnung von Jupp Wiertz: „Der Henschel-Wegmann-Zug in voller Fahrt".

Bild auf Seite 2: Der Henschel-Wegmann-Zug im Jahre 1936 (Werkfoto/Verkehrsmuseum)

CIP-Kurztitelaufnahme der Deutschen Bibliothek

**Gottwaldt, Alfred Bernd:**
Die Baureihe 61 [einundsechzig] und der Henschel-Wegmann-Zug : d. Geschichte e. Salonwagenzuges u. seiner Dampflokomotiven / Alfred B. Gottwaldt. Unter Mitarb. von Eduard Bündgen. – Stuttgart: Franckh, 1979.
(Franckhs Eisenbahnbibliothek)
ISBN 3-440-04755-5

Franckh'sche Verlagshandlung, W. Keller & Co., Stuttgart/1979

LH/19/Fi ISBN 3-440-04755-5/Printed in Germany/Imprimé en Allemagne
Druck: Johannes Illig, Göppingen

# Hinweise auf das Schrifttum

Baisch: Die Fahrzeuge der Deutschen Reichsbahn, gesehen vom Architekten. – In: Zeitschrift des VMEV 1936, S. 587.
Baur: Der Henschel-Wegmann-Leichtschnellzug im neuen Gewande. – In: Glas. Ann. 1953, S. 300.
Boden: Neuerungen im Personenwagenbau. – In: VDI–Z 1935, S. 1467.
Ewald: Die beiden Stromlinien-Tenderlokomotiven Reihe 61 der Deutschen Reichsbahn. – In: Glas. Ann. 1948, S. 43.
Flemming: Leichter Dampfzug der Reichsbahn für den Schnellverkehr. – In: Reichsbahn 1935, S. 687.
–: Schnellverkehr mit Dampfzügen. – In: Z–VMEV 1936, S. 871.
Fuchs: Der Henschel-Wegmann-Zug. – In: Reichsbahn 1936, S. 70.
Heise: Der erste Stromlinien-Dampfzug der Deutschen Reichsbahn. – In: Henschel-Hefte 5/1935, S. 7.
–: Der erste Stromlinien-Dampfzug der Deutschen Reichsbahn. – In: Glas. Ann. 1937–II, S. 109.
Knobloch und Trenkowitz: Die elektrische Ausrüstung einer Schnellzugeinheit der Deutschen Bundesbahn. – In: BBC-Nachr. 1953, S. 107.
Nordmann: Dampflokomotiven mit 20 at Kesseldruck und einfacher Dampfdehnung. – In: Organ f. d. Fortschr. d. Eisenbahnwesens 1938, S. 225.
–: Dampflokomotiven mit einfacher Dampfdehnung im Verhältnis ihrer Verbrauchszahlen. – In: Glas. Ann. 1938, S. 319.
Scharf: Die Entwicklung des F-Zug-Verkehrs bei der DB zwischen 1945 und 1966. – Krefeld (als Ms. gedr.) 1977.
Wagner: Die Dampflokomotiven und Motorkleinlokomotiven (in Nürnberg). – In: Organ 1935, S. 271.
Witte: Stromlinienlokomotiven der Deutschen Reichsbahn. – In: Z–VMEV 1935, S. 217.
Unveröffentlicht: Betriebsbuch der Lokomotive 61 001; Niederschrift über die Sitzungen des Ausschusses für Lokomotiven bei der Deutschen Reichsbahn-Gesellschaft. Im Verkehrsarchiv Nürnberg.

# Einleitung: Über die Stromlinie

Die Stromlinien-Dampflokomotiven der Baureihe 61 und der Henschel-Wegmann-Salonwagenzug sind das Thema dieser Schrift: Einzelstücke allesamt, nur von 1936 bis 1939 und von 1954 bis 1959 überhaupt im öffentlichen Verkehr eingesetzt, dennoch Gegenstand einer wohlwollenden Legende und bis heute umgeben von der Aura des Besonderen. Sie symbolisieren einen der markantesten und vielleicht letzten ernsthaften Versuche der alten Dampflokbauer, der „Motorisierung" auf den Schienenwegen doch Einhalt zu gebieten, aber vergebens. Der Dieseltriebzug lief dem Projekt des leichten Stromlinien-Dampfzuges alsbald den Rang ab; nach dem Kriege konnte auch an diesem Zug als „Blauem Enzian" wiederum der Übergang von der Diesellok auf die elektrische Zugförderung beobachtet werden.

Deutsche Eisenbahngeschichte in der Gestalt eines einzigen Zuges also, ein wenig idealisierend wahrgenommen angesichts von mehr als zehntausend Waggons mit hölzernen Sitzbänken, von unzähligen Bummelzügen in allen Teilen des Reiches und von Millionen Arbeitslosen zu Beginn der dreißiger Jahre, bedeutsam aber, weil gerade diese Zeit ganz schicksalhaft nach Idealen zu verlangen schien. Es mutet so typisch an, daß hier Energie und Gefühl investiert wurden, als der allgewaltige Lokomotivdezernent der Deutschen Reichsbahn, Richard Paul Wagner, über seine neuen Schöpfungen bereits schrieb: „Ob diese Spitzenkonstruktionen wirklich nur ein letzter Versuch sind, ihr Dasein zu behaupten, und nur Schrittmacher für den Triebwagen, wird der Freund der Dampflokomotive der Geschichte überlassen können."

Und es mutet, Musikliebhaber werden es verstehen, wirklich wagnerianisch an, wenn man das grandiose Scheitern und Vergehen der Konzeption einer Dampf-Alternative zum „Fliegenden Hamburger" betrachtet. Da muß ein Zug, für „heimische Brennstoffe" geschaffen, untergehen wegen der expansionistischen Politik eben dieses auf Autarkie bedachten Reiches, muß untergehen von Anfang an aufgrund ökonomischer Zwänge, deren weder seine Schöpfer noch seine vielen Freunde so recht gewahr werden. Ein weiteres Wortspiel drängt sich auf, eine Übertragung, die für ernsthafte Kenner der Kunst und Kulturgeschichte des zwanzigsten Jahrhunderts bereits eine Selbstverständlichkeit ist, nämlich die kritische Betrachtung einer Stromlinien-Verkleidung auch als soziologisches Phänomen. Gewiß, an der Lokomotive war die Stromschale durch den Luftwiderstand diktiert, aber die dreißiger Jahre waren weltweit die Ära des „Streamlining", des ästhetischen Glättens gesellschaftlicher Widersprüche und des Verbergens sozialer Konflikte hinter einer Fassade der Volksgemeinschaft und des Fortschrittsglaubens, eben hinter einer „Verkleidung". Beides, Technologie und Demagogie, traf historisch zusammen wie nie zuvor. Da wurden die Sehnsüchte der Vielen nach Harmonie und Konfliktlosigkeit mißbraucht zugunsten materialistischer Interessen der Wenigen, fürwahr ein Handwerk, das die Machthaber ab 1933 zu beherrschen wußten wie kaum jemand. Und nicht von ungefähr wurde die Rekordfahrt der Lokomotive 05 002 am 11. Mai 1936, in deren Ouverture auch der Henschel-Wegmann-Zug mitgewirkt hatte, zum nationalen Ereignis, an dem fast allein Vertreter der braunen Partei teilgenommen haben. Nur wenige Berichterstatter aus der Eisenbahngeschichte machen heute noch Worte darum, nur wenige Leser auch scheinen davon wissen zu wollen.

Wir dürfen diese Vorgänge nicht vergessen, wenn wir uns im folgenden mit viel Liebe zum Detail der Geschichte zweier Lokomotiven und ihrer vier bis fünf Wagen widmen; wir dürfen Historie und Histörchen der Eisenbahn nicht vom Zeitzusammenhang isoliert betrachten. –

Bei der Zusammenstellung von Texten und Bildern zu dieser Schrift haben besonders R. Roosen, J. Claus, G. Krauth, K. E. Maedel, G. Scheingraber, H. Schroeter sowie die vielen bei ihren Aufnahmen genannten Fotografen großzügig Hilfe geleistet. Die Lieferer des beschriebenen Zuges, Thyssen Henschel AG sowie Wegmann & Co. in Kassel, haben in dankenswerter Weise jede nur denkbare Unterstützung der Arbeit gewährt. Weitere wesentliche Beiträge sind dem Entgegenkommen der Deutschen Bundesbahn, Hauptverwaltung, und dem Verkehrsarchiv beim Verkehrsmuseum in Nürnberg zu verdanken.

# Kapitel 1: Deutsche Reichsbahn 1933

Versetzen wir uns also in das Jahr 1932: In Amerika ist Roosevelt Präsident, die Weltwirtschaftskrise will er mit seinem „New Deal" angehen. Auf der Konferenz von Lausanne wird das Ende der deutschen Reparationsverpflichtungen vereinbart. Hitler unterliegt Hindenburg bei der Wahl zum Reichspräsidenten. Die Anzahl der Nazi-Mandate im Reichstag geht von 230 auf 196 zurück, das waren fast vierzehn Millionen Stimmen. Der Reichskanzler heißt noch Franz von Papen, als Reichsverkehrsminister wirkt, über alle Regierungsumbildungen hinweg, der Freiherr von Eltz-Rübenach, vormals Präsident der Reichsbahndirektion Karlsruhe.

An der Spitze der Deutschen Reichsbahn-Gesellschaft steht Generaldirektor Julius Dorpmüller. Noch gibt es keine Autobahnen, doch die Eisenbahn verspürt bereits deutlich die Konkurrenz des Kraftwagens im hochwertigen Reiseverkehr und beim Transport leichtverderblicher Güter, sie spürt die Abwanderung zum Omnibus für den Wochenendausflug, und ihr machen die hohen Produktionskosten ihrer schwach bezetzten Nebenbahnverbindungen längst Kopfzerbrechen. Motorisierung heißt hier das Zauberwort, und mit kleinen Diesel- oder Benzolwagen zur Einmannbedienung trachtet man danach, die Ausgaben einzudämmen und zugleich eine vermehrte Anzahl von Zügen anzubieten. Die Sonderkessel der Dampftriebwagen finden keine weitere Verbreitung, und selbst die kleinste Lokomotive wird schon als zu teuer angesehen.

Ähnlich liegen die Dinge im Bezirks- und im Fernverkehr, wo die Wünsche nach einem dichten Zugangebot mit hoher Geschwindigkeit sich teilweise nur unter Zurückstellung betriebswirtschaftlicher Bedenken befriedigen lassen. Andererseits ist es hier mit der Motorisierung so eine Sache, denn weder leistungsfähige Maschinen von 500 bis 750 PS noch geeignete Kraftübertragungsanlagen sind auf dem Markt. Ein mechanisches Getriebe hält den Beanspruchungen auf der Schiene bei solchen Leistungen nicht mehr stand.

Unglaubliches Aufsehen hat zu dieser Zeit der „Schienenzeppelin" nach einem Entwurf von Franz Kruckenberg erregt, der mit seinem Wagen zwischen Hamburg und Berlin im Juni 1931 ein Spitzentempo von 230 km/h erreicht hatte, viel zu schnell zwar für eine Eingliederung in den Fahrplan der Reichsbahn, aber als zukunftweisendes Experimentalfahrzeug von immenser Bedeutung. Die Luftschraube am Heck wurde von einem 550-PS-Benzolmotor angetrieben, nachdem Kruckenberg den Einsatz der elektrischen Kraftübertragung mit einem Generator und einzelnen Fahrmotoren als zu schwer und zu teuer für seine Pläne verworfen hatte.

Die von ihm, der sich auch deutlicher Unterstützung durch Dorpmüller erfreuen konnte, zuvor konsultierten Firmen Maybach und Siemens brachen aber ihre Projektarbeiten an einem solchen Antrieb nun nicht etwa ab, sondern entwickelten, da der planmäßige Einsatz des ersten „Schienenzeppelins" ausgeschlossen schien, eine den Wünschen der Reichsbahn enger angepaßte Version des Schnelltriebwagens. Leichtbau und Stromlinienform hatten nun auch sie auf ihre Fahnen geschrieben. Für den wagenbaulichen Teil des Vorhabens, dessen Propagierung in der Reichsbahn-Hauptverwaltung dann nicht ohne Hindernisse und Rückschläge vonstatten ging, gewannen sie die Wumag in Görlitz hinzu.

Schließlich gelang es auch, Generaldirektor Dorpmüller zu überzeugen, und die Verwaltung bestellte schon 1931 den berühmten Waggon VT 877 a/b, den späteren „Fliegenden Hamburger". Er bestand aus zwei Wagenhälften mit gemeinsamem Jakobs-Drehgestell, in dem die elektrischen Fahrmotoren lagen. Zwei Maybach-Motoren zu je 410 PS waren mit Generatoren in den Enddrehgestellen untergebracht; sie verliehen dem Fahrzeug eine Höchstgeschwindigkeit von 160 km/h.

Über diesen Schnelltriebwagen hörte man in Fachkreisen ab Sommer 1932 munkeln; im Herbst begannen seine Probefahrten. Ab Dezember 1932 war er, vorerst zu Messungen und einmal für die Reporter der Presse, in Berlin zu sehen, und mit dem Sommerfahrplan 1933 war an einen öffentlichen Verkehr gedacht. Die Geschichte aller Schnelltriebwagen der

Vorkriegszeit ist eingehend in der Schrift „Schienenzeppelin“ behandelt, so daß wir hier unseren Bericht über die motorgetriebene Konkurrenz des Dampfzuges einmal enden lassen können.

## Im Konstruktionsbüro bei Henschel & Sohn

Jeden Schritt der Triebwagenbauer verfolgten die deutschen Lokomotivfabriken indes mit gespannter Aufmerksamkeit, schien doch ein Erfolg des Experiments mit dem Maybach-Wagen auch Gefahren für eigene künftige Lieferungen von Schnellzugloks in sich zu bergen. Unter denen, die nicht nur darauf bauten, der leichte schnellaufende Dieselmotor werde der Dauerbeanspruchung des Bahnbetriebes ohnehin nicht gewachsen sein und deshalb von selbst wieder verschwinden, stand vornan der Henschel-Direktor Karl Imfeld.

Von 1928 bis 1934 leitete er, der zuvor an der Entstehung der Turbinenlokomotive T 18 1002 bei Maffei maßgeblich beteiligt gewesen war, im Zuge einer Interessengemeinschaft zwischen dem Münchner und dem Kasseler Werk alle Konstruktionsabteilungen der beiden Unternehmen. Mit Respekt und Sorge zugleich betrachtete er die Bemühungen von Oberingenieur Lang bei Maybach in Friedrichshafen, den Schäden an den großen Lagern für die Kurbelwelle des Motors GO 6, wie er auch im „Fliegenden Hamburger“ verwendet wurde, auf die Schliche zu kommen.

Karl Imfeld glaubte eher an den Erfolg dieser Bemühungen, und er entschloß sich dazu, nicht tatenlos zuzusehen, sondern möglichst überzeugende Gegenvorstellungen zu entwickeln. Dies galt schon deshalb, weil aufgrund der Wirtschaftskrise zu Beginn der dreißiger Jahre, welche der Reichsbahn einen erheblichen Überbestand an Lokomotiven und leere Kassen beschert hatte, Aufträge über Dampfloks herkömmlicher Bauart kaum zu erwarten waren.

Nach Imfelds Überzeugung durfte dieses Feld der hochwertigen Schnellzugförderung nicht kampflos den „Außenseitern“ aus Motoren- und Waggonbau überlassen werden. Wenn die Reichsbahn, soweit es Fahrzeuge betraf, nur noch auf diesem Gebiet zu investieren vermochte, mußte ihr die Lokomotivindustrie Betriebsmittel anbieten, die alle Aufgaben des Dieselzuges wirtschaftlicher, zuverlässiger und bequemer zu lösen versprachen.

Gegen Ende 1932, als die Notprogramme der früheren Regierung Brüning erste Wirkungen zeitigten,

Der „Fliegende Hamburger“ bei Probefahrten in Süddeutschland im Spätsommer 1932. (Foto: Siemens)

machte er die Leiter der dafür infragekommenden Konstruktionsbüros in Kassel mit dieser Fragestellung bekannt und bat sie um die Ausarbeitung von Vorschlägen, die sodann erst einmal im Hause Henschel diskutiert werden sollten, um anschließend der Reichsbahn vorgelegt zu werden.
Seitens der Projektabteilung, die damals unter der Leitung von Dr.-Ing. Kurt Ewald stand, wurde ein Entwurf ausgearbeitet, über den heute leider nichts mehr bekannt ist. Wir nehmen an, daß er den von diesem Ingenieur auch an anderer Stelle, etwa in Vorschlägen analog zur Reihe 05, empfohlenen Einzelachsantrieb mit Dampfmotoren enthielt, auf den wir unten anläßlich der Erörterung seiner Skizzen zur Lokomotive 61 002 aus dem Jahre 1936 noch zu sprechen kommen wollen.
Einige Zeichnungen legte die Studienabteilung von Dr.-Ing. Richard Roosen vor. Hier wurde angeregt, einen zweiteiligen Schnelltriebwagen mit einem mittleren Jakobs-Drehgestell nach Art des dieselgetriebenen Vorbildes nun mit Doble-Dampfmaschinen auszurüsten, wie sie bei Henschel ab 1931 für die Lübeck-Büchener Eisenbahn und ab 1932 für den Bezirksverkehr der Reichsbahn bereits in der Ausführung begriffen waren. Da es sich zunächst nur um grobe Vorentwürfe handeln konnte, wurde die für den Sprung von 110 km/h auf 160 km/h erforderliche Mehrleistung vorläufig durch eine gewisse Vergrößerung der Kessel und Triebwerke vorgesehen. Über jedem Enddrehgestell sollte eine Doble-Anlage aufgebaut, im Gestell selbst das Zylinderpaar untergebracht werden.
Ein solches Fahrzeug hätte besonders den Vorteil gehabt, einheimische Brennstoffe, nämlich Braunkohlenteeröl, verwenden zu können, doch sei auch die Anmerkung nicht vergessen, daß das Doble-Prinzip eines Schnellverdampfers mit geringem Wasserinhalt sich nicht ohne weiteres zur Erzielung hoher Leistungen mit dem Storchschnabel vergrößern läßt. Übrigens ist das Problem des schnellfahrenden Dampftriebwagens zwei Jahre später nochmals, angeregt vom Preisausschreiben des Rheinisch-Westfälischen Kohlensyndikats, durch die Fachpresse gegeistert, doch ging es nun um einen für die Rostverbrennung von Steinkohle geeigneten Zug. Praktische Auswirkungen hat indes die Entscheidung der Jury, der auch Professor Nordmann vom Reichsbahn-Zentralamt angehörte, nicht mehr entwickelt.

## Ein Projekt des Stromlinienzuges entsteht

Doch kehren wir zurück zur Entwurfstätigkeit bei Henschel um die Jahreswende 1932/33. Noch nicht erörtert ist der Vorschlag des großen Inlands-Konstruktionsbüros TB 1, der schließlich bei der internen Auswahl das Rennen machte und der endlich der Deutschen Reichsbahn-Gesellschaft vorgelegt worden ist.
Die Leitung des Konstruktionsbüros TB 1 bei Henschel, zu dessen Aufgabenbereich der Entwurf von Lokomotiven für die Deutsche Reichsbahn und für die Vollbahnen des europäischen Auslandes gehörte, hatte damals Oberingenieur Georg Heise (1874 bis 1945) inne. Den Lebenslauf dieses Mannes, der bereits 1902 mit dem preisgekrönten Entwurf einer Schnellzuglok für 130 km/h für Aufsehen gesorgt und sodann 1903 die Nachfolge seines früh verstorbenen Chefs Michael Kuhn angetreten hatte, hat Karl-Ernst Maedel in seinem Buch über die Lokomotive $S 10^1$ nachgezeichnet. Heise hatte 1904 als eine der ersten

Der Henschel-Chefkonstrukteur Georg Heise. Bild aus dem Jahre 1939. (Foto: Henschel)

Preußische Schnellzuglokomotive der Gattung S 9 „Bauart Kuhn-Wittfeld" von 1904, gebaut bei Henschel. (Werkfoto)

Aufgaben die konstruktive Betreuung der stromlinienverkleideten „Kuhn-Wittfeld-Lokomotiven" fortzusetzen, mit denen die Preußische Staatsbahn damals 154 km/h erreichen konnte.
Breitere Anwendung fanden die mit diesen Lokomotiven der Gattung S 9 gemachten Erfahrungen vorläufig nicht, doch schon wenige Jahre darauf, 1911 und 1914, konnte Heise beim Entwurf der beiden Spielarten der preußischen S $10^1$-Schnellzuglokomotive sein profundes Können unter Beweis stellen. Gleichzeitig entstand bei ihm in Kassel die Güterzuglokomotive G 10, etwas später die G 12 des Ersten Weltkrieges.
In den Nachkriegsjahren war eine der wichtigsten Aufgaben Heises die Aufstellung von Entwurfsreihen zu den Einheitslokomotiven der Deutschen Reichsbahn gewesen, die in den Berliner Beratungen eine bedeutsame Rolle gespielt haben. Industrie und Bahnverwaltung entschlossen sich aber schließlich, die konstruktive Durcharbeitung der endgültigen Typen in dem gemeinschaftlich eingerichteten „Vereinheitlichungsbüro" ausführen zu lassen, so daß der Chef des TB 1 mit dem Zeichnen der Reihen 01, 02 und 03 und so weiter nichts mehr zu tun hatte.
Heise widmete sich nunmehr der Entwicklung von Hochdrucklokomotiven, und am Bau der Maschine H 17 206 für die Reichsbahn und einer Maschine für die französische PLM-Bahn hatte er maßgeblichen Anteil.
Kontakt zur Konstruktionsarbeit der Reichsbahn hielt Heise vornehmlich über seinen Adlatus August Knipping, der selbst einige Jahre im Vereinheitlichungsbüro gewirkt hatte, um 1930 aber aus diesem Institut in das Kasseler Stammhaus zurückzukehren.
In ihren Besprechungen, die auf die Anfrage von Direktor Imfeld folgten, skizzierten Heise und Knipping schließlich auch den Vorentwurf zu einer kleinen 2'B1'-Tenderlok mit Innentriebwerk und Stromschale, die sie zur Kupplung mit einem von der Firma Wegmann & Co in Kassel zu erbauenden Doppelwagen, ganz nach Art des „Fliegenden Hamburgers",

August Knipping, als enger Mitarbeiter Heises auch am Entwurf der Reihe 61 beteiligt. (Foto: Henschel)

vorsahen. Verbindung zu der Waggonfabrik bestand, wenn man einmal von den Kontakten auf gesellschaftlicher Ebene absieht, in jenen Jahren besonders durch die gemeinschaftliche Ausführung der Doble-Dampftriebwagen für die Reichsbahn (DT 51 ff.), an deren Bau der Wegmann-Chef August Bode lebhaften Anteil nahm.
Bei den nun folgenden Erörterungen der einzelnen Vorschläge entschloß man sich in Kassel, dieses Projekt des Büros TB 1 weiterhin zu verfolgen. Genauere Zeichnungen und Berechnungen wurden jetzt angefertigt und der Reichsbahn unterbreitet. Bei einem Besuch in der Hauptverwaltung zu Berlin übergaben Vertreter der beiden Firmen ihre „Studie über einen schnellfahrenden Dampfzug" im April 1933 an Reichsbahn-Generaldirektor Dorpmüller, der sie seinerseits an den zuständigen Abteilungsleiter für Maschinentechnik, Richard Anger, und an dessen Referenten für Konstruktion und Beschaffung von Lokomotiven und Triebwagen, Ministerialrat a. D. Friedrich Fuchs, weiterleitete.

**Henschel & Sohn AG, Kassel**
**Studie über einen schnellfahrenden Dampfzug**

**Allgemeines**
*Die Erfolge der dieselelektrischen Schnelltriebwagen haben uns veranlaßt, eine Untersuchung anzustellen, ob ein solcher Schnellverkehr unter Verwendung einer für diese Zwecke gebauten leichten Lokomotive für die Fahrgeschwindigkeiten von 150 bis 160 km/h ebenfalls wirtschaftlich durchgeführt werden kann.*
*In der überreichten Studie wird der Vorschlag unterbreitet, mit einer 2B1-Heißdampf-Tenderlokomotive und einem Doppelwagen einen Dampfzug zu schaffen, dessen Beschaffungs- und Unterhaltungskosten gering sind und der zugleich durch zweckentsprechende Einteilung des Wagenraumes den Reisenden größte Bequemlichkeit bietet.*
*Als Grundlage diente die Aufgabe, mindestens 120 Reisende über eine Fahrstrecke von 250 bis 350 km ohne Halt mit einer Dauergeschwindigkeit von 150 km/h zu befördern. Zur Verminderung des Luftwiderstandes ist der ganze Zug in Stromlinienführung zu umkleiden.*
*Hierdurch ergibt sich ein neuer Gedanke, nach dem*

Das Konstruktionsbüro TB 1 bei Henschel in Kassel. Rechts im Hintergrund ist schwach der „Glaskasten" Heises zu erkennen. (Foto: Henschel)

Rechts: Phantomzeichnung der äußeren Linienführung des schnellfahrenden Dampfzuges von Henschel und Wegmann, Anfang 1933. (Werkfoto/Verkehrsmuseum)

*der Doppelwagen an beiden Enden gleichförmig zugespitzt ist, so daß die ebenfalls in Stromlinienführung umkleidete Lokomotive sich mit ihrer hinteren, über den Kohlenkasten hinaus verlängerten Verkleidung je nach der Fahrtrichtung über die vordere oder hintere Spitze des Doppelwagens schiebt. Es entsteht hierdurch nach jeder Fahrtrichtung ein Gesamtzug mit einheitlicher Verkleidung in Stromlinienführung im gleichen Sinne wie beim Schnelltriebwagen. Die Verbindung von Lokomotive und Wagen erfolgt durch eine automatische Kupplung mit Brems- und Dampfheizanschluß.*

**1. Leistungsberechnung**

*Die erforderliche Kesselheizfläche sowie ausreichende Wasser- und Kohlenvorräte lassen sich in einer 2B1-Heißdampf-Tenderlok von etwa 90 t Dienstgewicht gut unterbringen. Ebenso bietet der Doppelwagen im Gewicht von 65 t Platz für 126 Sitzplätze II. Klasse unter Einrechnung eines Gepäck- und Erfrischungsraumes. Der Widerstand der Lokomotive ist nach den Strahlschen Formeln, derjenige des Doppelwagens nach den neuesten Formeln der Deutschen Reichsbahn unter Berücksichtigung des verringerten Luftwiderstandes durch die Verkleidung des Zuges in Stromlinienführung vorläufig angenommen.*

*Nach englischen Versuchszahlen an Modellen im Windkanal haben sich Verminderungen des Luftwiderstandes durch die Stromlinienführung bis zu 60% ergeben. Hier wurde, um sicherzugehen, nur mit einer Herabsetzung bis zu 40% gerechnet. Genaue Zahlen bleiben den zur Zeit eingeleiteten Versuchen im Windkanal vorbehalten. Für die Höchstgeschwindigkeit von 160 km/h ergibt sich ein Lokomotivwiderstand von 1270 kg und ein Wagenwiderstand von 330 kg. Der Gesamtwiderstand beträgt somit $Z_i = 1600$ kg und die Leistung $N_i = 950$ PSi. Bei 20 atü Kesseldruck kann mit einem Dampfverbrauch von 5,9 kg/PSih bei einer Umdrehungszahl von n = 6,2/sec gerechnet werden, so daß der Kessel eine Dampfmenge von 5900 kg/h zu erzeugen hat. Die feuerberührte Kesselheizfläche muß demnach bei einer Heizflächenbelastung von 57 kg/m²h etwa 100 m² und die Rostfläche 2 m² sein.*

*Die Wahl des Zylinderdurchmessers bedarf einer genauen Untersuchung, da einesteils der Zug in der Beschleunigungsperiode von 90 bis 150 km/h möglichst rasch beschleunigt werden soll, andernteils die Zylinderdurchmesser für eine noch wirtschaftliche Fahrt bei der Dauergeschwindigkeit von 150 km/h ausreichen müssen. Vorerst ist mit einem mittleren Kolbendruck von 4,1 kg/cm² gerechnet, und es ergibt sich ein Zylinderdurchmesser von 380 mm.*

*Hierbei ist für die Treibräder ein Durchmesser von 2300 mm = 6,1 U/sec und ein Kolbenhub von 660 mm = 8 m/sec Kolbengeschwindigkeit angenommen worden. Beide Werte sind noch zulässig.*

*Während der Beschleunigungsperiode von 0 bis 150 km/h Geschwindigkeit kann der Kessel über die nor-*

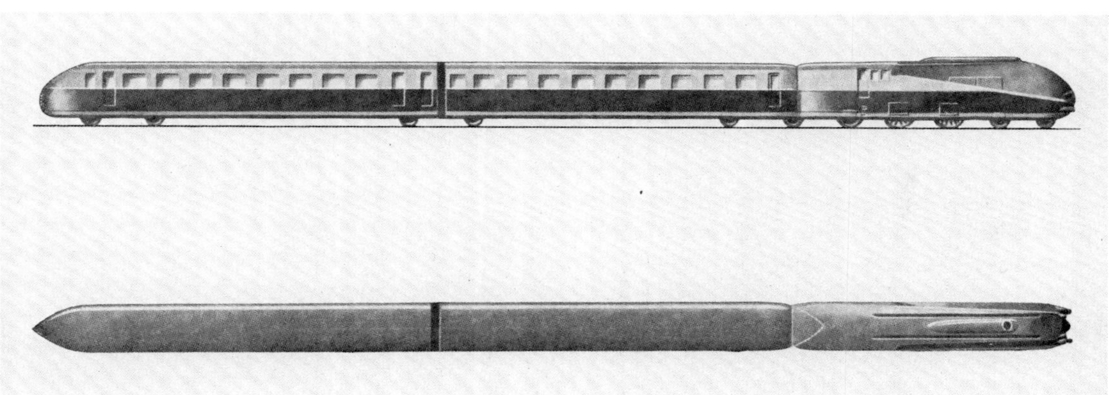

*male Kesselgrenze von 57 kg/m² beansprucht werden. Wir sehen eine Kesselbeanspruchung von 82 kg/m² vor, wobei in dem Geschwindigkeitsabschnitt bis 40 km/h mit einer Beschleunigung von 0,32 m/sec² gerechnet wurde. Diese Beschleunigung entspricht den Beschleunigungsziffern der Stadtbahnzüge, und diese sind bei den damaligen Versuchen mit der 1D1-Dreizylinder-Heißdampf-Tenderlokomotive im Jahre 1913 auf der Berliner Stadt- und Ringbahn nicht nur erreicht, sondern noch überschriten worden.*

*Es ergibt sich eine Beschleunigungskurve, nach der der Zug in etwa 4 1/2 min nach Zurücklegung eines Weges von 7600 m die Geschwindigkeit von 150 km/h erreicht hat.*

*Die während der Beschleunigungsperiode erforderliche erhöhte Dampferzeugung kann, wenn überhaupt erforderlich, durch eine Ölzusatzfeuerung während dieser kurzen Zeit unterstützt werden. Für die anschließende Dauergeschwindigkeit von 150 km/h wird der Kessel nicht über die normale Kesselgrenze hinaus beansprucht.*

*Rechnet man mit einer Durchschnittsgeschwindigkeit von 130 km/h = etwa 650 PSi, so ergibt dies einen Dampfverbrauch von etwa 4000 kg/h. Die Wasser- und Kohlevorräte von 15 m³ bzw. 4 t Kohle sind so reichlich bemessen, daß sie bei genügender Reserve für unvorhergesehene Fälle für drei Stunden Fahrzeit ausreichen. Auch die Beanspruchung des Heizers bewegt sich in durchaus normalen Grenzen. Bei einer 6- bis 7fachen Verdampfung wird der Kohlenverbrauch 600–700 kg/h, den ein Heizer auch über eine längere Fahrzeit leicht bewältigen kann.*

**2. Beschreibung der Lokomotive**

*Die Gewichtsberechnung zeigt, daß die erforderlichen Heizflächen und Vorräte in einer 2B1-Heißdampf-Tenderlokomotive noch gut unterzubringen sind, ohne die zulässigen Höchstachsdrücke moderner DRB-Lokomotiven zu überschreiten. Das Reibungsgewicht von 40 t wird selbst beim Anfahren der Lokomotive nicht voll ausgenutzt, da die Beschleunigung von 0,32 m/sec² nur eine Zugkraft von etwa 5800 kg bedingt. Die Reibungsziffer beträgt somit 6,9; ein Schleudern der Lokomotive wird also nicht eintreten.*

*Zur Sicherung eines ruhigen Laufes der Lokomotive bei hohen Geschwindigkeiten ist der Radstand des Drehgestelles mit 2500 mm bemessen und Triebwerk und Steuerung zwischen die Rahmen verlegt worden. Wir haben eine Vergleichsrechnung der Schlingerbewegung der Lokomotive mit Innentriebwerk gegen eine gleichartige Lokomotive mit Außentriebwerk durchgeführt, wonach die von den nicht ausgeglichenen hin- und hergehenden Massen des Triebwerks herrührenden Schlingerbewegungen der Lokomotive mit Innentriebwerk etwa ein Fünftel derjenigen des Außentriebwerks betragen.*

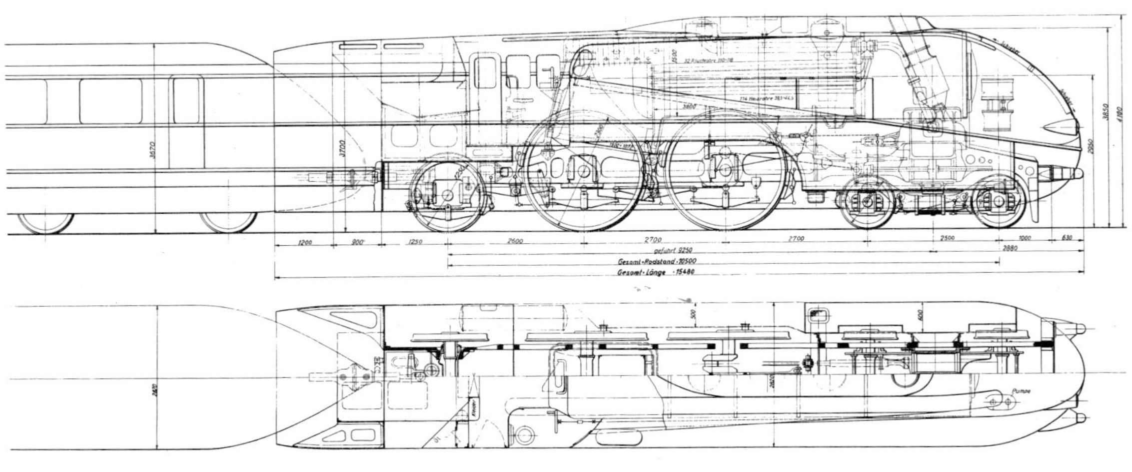

*Die Lokomotive vermag bei einem Ausschlag am Drehgestellzapfen von 65 mm und einer Radialseitenverschiebung der Schleppachse von 38 mm Kurven von 180 m vor- und rückwärts zwanglos zu durchfahren.*
*Der Kessel entspricht, abgesehen von den nötigen Verstärkungen durch den höheren Betriebsdruck von 20 atü und dem Einbau einer eisernen Feuerbüchse mit Wasserkammer, genau dem als ausgezeichneter Dampfmacher bekannten Kessel der Lokomotive Reihe 64. An Stelle des Vorwärmers tritt ein Abdampfinjektor. Unter der Feuertür befindet sich eine Öleinspritzdüse, um während der Beschleunigungsperiode die Dampferzeugung zu steigern.*

*Rahmen*
*Die Hauptrahmen bilden zwei je 90 mm dicke Rahmenplatten, die in der üblichen Weise durch den Pufferträger, Innenzylinder, Gleitbahnträger, Stehkesselträger und Kuppelkasten miteinander verbunden sind. Der Kessel ruht in seiner Rauchkammer auf dem als Rauchkammerträger ausgebildeten Zylindergußstück. Außerdem ist er durch Pendelbleche und die Stehkesselträger mit dem Rahmen verbunden.*

*Zylinder und Triebwerk*
*Die beiden Zylinder sind zu einem Gußstück vereinigt, das zugleich die Zylinder- und Drehzapfenstrebe ersetzt. Sie arbeiten mit je einer 2500 mm langen Treibstange auf die Kropfachse des vorderen Treibradsatzes. Sämtliche Schmiergefäße für Triebwerk und Steuerung sind so groß bemessen, daß ihr Inhalt zuverlässig für eine Hin- und Rückfahrt ausreicht. Die Schmierung der Kolben, Stopfbüchsen und Achslager besorgt eine im Führerstand aufgestellte Schmierpumpe.*

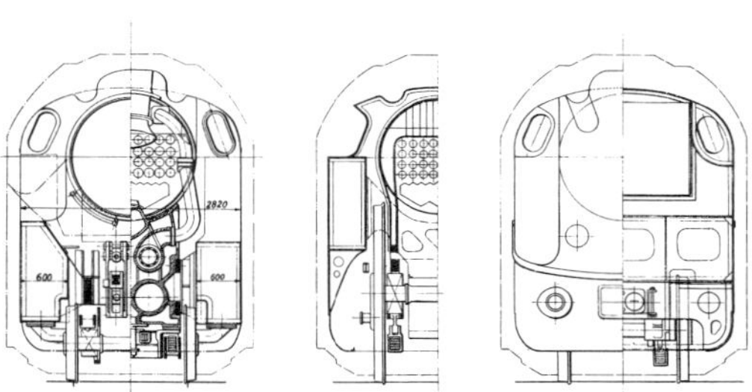

Ansicht und Schnitte des Henschel-Projektes vom 6. Februar 1933, gezeichnet von Knipping.

*Steuerung*
*Die Dampfverteilung besorgen Kolbenschieber, die von einer normalen Heusinger-Steuerung bewegt werden.*

*Führerhaus, Wasser- und Kohlenkasten*
*An das geräumige Führerhaus schließen sich nach vorn die beiden seitlichen Wasserkästen an, deren Decke stark abfällt, um dem Personal eine gute Sicht auf die Strecke zu ermöglichen. Die Wasserkästen sind auf Trägern, die am Rahmen sitzen, befestigt. Nach hinten wird das Führerhaus durch den Kohlenkasten abgeschlossen, dessen oberer Teil den Kohlebehälter und dessen unterer Teil noch einen Wasserbehälter bildet, der mit den beiden vorderen Wasserkästen durch eine Rohrleitung verbunden ist. Die Beschikkung des Kohlenkastens geschieht durch die in der Decke befindlichen Bekohlungsklappen. Die beiden vorderen toten Ecken im Kohlenkasten werden zur Unterbringung eines geringen Ölvorrats für den Ölbrenner ausgenutzt. Der Führer erhält für die lange Dauerfahrt einen etwas erhöhten, bequemen Führersitz mit Rückenlehne.*

*Verkleidung*
*Kessel und Rauchkammer werden mit einer Verkleidung versehen, die sich mit ihren Seitenteilen auf die schrägen Decken der seitlichen Wasserkästen aufstützt und mit ihrem vorderen Ende gut abgerundet über die Rauchkammer und den Pufferträger hinausreicht. Unter den seitlichen Wasserkästen sind auf beiden Seiten Schürzen angebracht, die sich über die ganze Länge der Lokomotive erstrecken. Die Zugänglichkeit zu den Kuppelstangenlagern, dem Innentriebwerk und der Rauchkammer wird durch entsprechend angebrachte Klappen und Schieber in der Verkleidung bewirkt. Das Umgrenzungsprofil des Führerhauses entspricht*

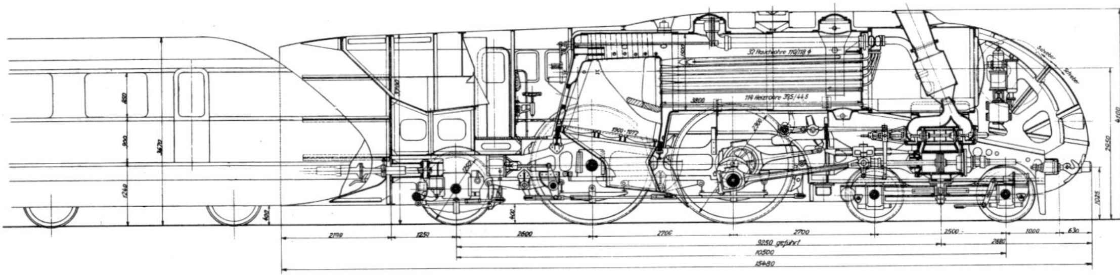

Längsschnitt durch die Henschel-Lokomotive.

*demjenigen des Wagens, der sich mit seiner jeweiligen Spitze in die über den Kohlenkasten hinaufrangende Verkleidung schiebt. Die beiden Dome und der Schornstein erhalten eine gemeinsame Verkleidung, die sich nur unerheblich von der allgemeinen Ummantelung abhebt. Rechts und links des Schornsteins und der Dome sind in der Deckenverkleidung Einbeulungen angebracht, die nach Muster der Windleitbleche ein Niederschlagen der Rauch- und Dampfwolken vor die Führerhausfenster verhindern sollen. Entsprechende Versuche im Windkanal werden z. Z. vorgenommen.*

*Bremse*
*Die Räder des Drehgestells und der Schleppachse werden einseitig, diejenigen der Treib- und Kuppelachse doppelseitig durch die Luftdruckbremse Knorr abgebremst. Außerdem ist noch eine Wurfhebelhandbremse vorhanden.*

*Sonderausrüstungen*
*Außer der normalen Kesselarmatur erhält die Lokomotive noch Preßluftsandstreuer, Dampfheizung, Geschwindigkeitsmesser und elektrische Beleuchtung für Führerhaus, Triebwerk und Kopflaternen.*
*Wie aus vorstehender Beschreibung hervorgeht, stellt die Lokomotive mit ihren Innenzylindern und einfacher Dampfdehnung ein einfaches Bauwerk dar, dessen Einzelteile nicht aus dem Rahmen des normalen Lokomotivbaues herausfallen und somit für Betrieb und Unterhaltung keinerlei Schwierigkeiten bieten werden.*

**3. Wirtschaftlicher Vergleich zwischen dieselelektrischem Schnellwagen und Dampfschnellzug**

*Wir haben die jährlichen Betriebskosten beider Fahrzeuge zusammengestellt. Hierbei ist beim Dampfzug die Lebensdauer der Lokomotive mit 15 Jahren, diejenige des Doppelwagens mit 10 Jahren eingesetzt worden, da die Lokomotive kaum von den bisherigen Ausführungen abweicht, während beim dieselelektrischen Schnelltriebwagen die Lebensdauer der Motore mit 5 Jahren, die des elektrischen Teils und des Wagenteils mit 10 Jahren bemessen wurde.*
*Die Betriebskosten sind mit 94,8 Rpf/km für 100 Sitzplätze für den dieselelektrischen Schnelltriebwagen und mit 56,9 Rpf/km für den Dampfschnellzug ermittelt worden, verhalten sich also wie 1,67:1. Ohne die jährliche Verzinsung und Abschreibung betragen die jährlichen Betriebskosten für den dieselelektrischen Schnellwagen RM 65151, für den Dampfzug RM 59932.*
*Der Dampfschnellzug ergibt also eine jährliche Ersparnis von RM 5219 aus den festen Kosten. Dazu kommt die Ersparnis aus den veränderlichen Kosten mit RM 4650, so daß die jährliche Gesamtersparnis RM 9869 beträgt.*
*In einer Skizze sind die Ersparnisse aufgetragen, die der Dampfschnellzug gegenüber dem dieselelektrischen Schnellwagen im Laufe der Jahre ergibt. Hierbei spielt die hohe Abschreibung des teureren dieselelek-*

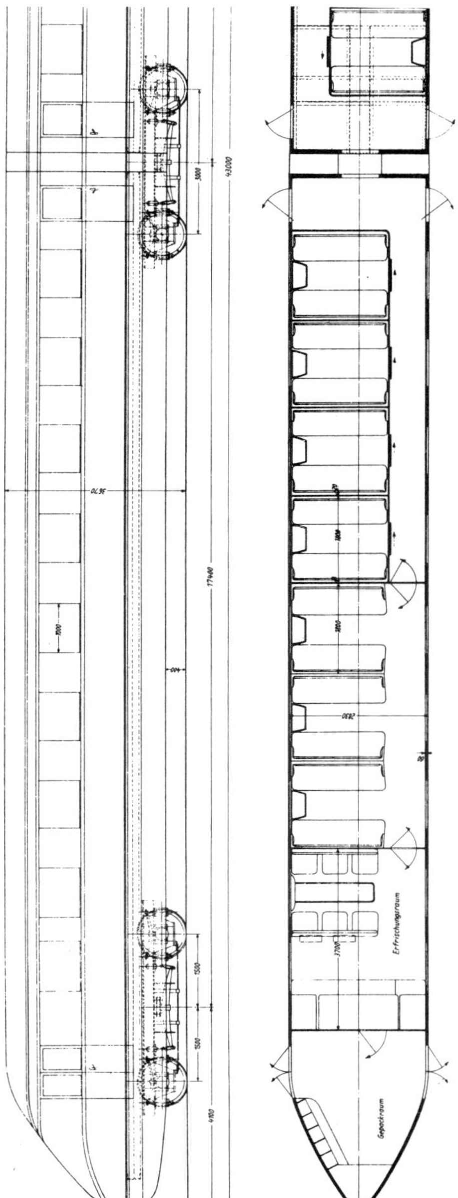


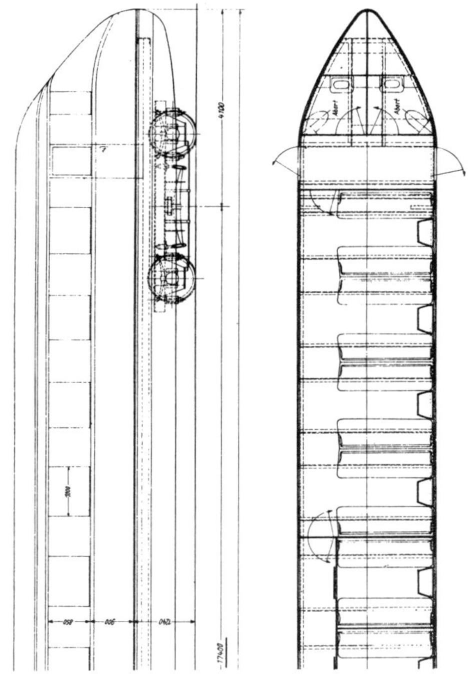

Der kurzgekuppelte Doppelwagen für den Schnellverkehr mit der 2B1-Henschel-Lokomotive, bei Wegmann am 4. Februar 1933 gezeichnet. Vorgesehen sind 128 Plätze.

*trischen Fahrzeugs eine maßgebende Rolle. Die Ersparnisse mit dem Dampfschnellzug sind sehr erheblich. Selbst wenn man nicht berücksichtigt, daß der Dampfschnellzug etwa 23 Prozent mehr Sitzplätze hat, betragen sie nach zehn Jahren RM 267 000 und nach 15 Jahren RM 708 000 gegenüber dem dieselelektrischen Schnelltriebwagen.*

**4. Kurzgekuppelter Doppelwagen**

*Die Hauptabmessungen des Doppelwagens sind aus der Zeichnung ersichtlich. Der Doppelwagen ist mit allen Bequemlichkeiten für den Reisenden ausgestattet. In geschlossenen und offenen Abteilen finden 128 Fahrgäste bequeme Sitzmöglichkeiten. Bei einem Gesamtgewicht des Doppelwagens von 65 000 kg beträgt somit das Platzgewicht 500 kg.*

*Zur Erzielung des kleinsten Luftwiderstandes sind die beiden Enden des Wagens tropfenförmig ausgebildet. In den eingezogenen Enden ist in dem einen Wagen der Gepäckraum, in dem anderen Wagen sind die Aborte untergebracht. An den Gepäckraum schließt sich ein Erfrischungsraum mit Sitzgelegenheiten für sechs Personen an. Die Verkleidung der Außenwände und der Querwände ist im Inneren des Wagens gleichmäßig gehalten. Bis zur Brüstung sind die Wände mit Plüsch, oberhalb der Brüstung mit Blumenmahagoni-Furnieren bekleidet. Die inneren Decken sind aus Vogelaugenahorn-Furnieren hergestellt. Alle Fenster, mit Ausnahme der Abortfenster und Türfenster, sind herablaßbar. Der Fußboden ist mit Linoleum und darüber mit Plüschteppichen ausgelegt. Der Wagen erhält elektrische Beleuchtung mit eigener Stromquelle sowie Dampfheizung.*

*Das Kastengerippe ist ganz aus Stahl hergestellt, Untergestell, Seitenwände und Dach sind unter weitestgehender Anwendung der elektrischen Schweißung zu einem steifen Tragwerk zusammengefaßt. Eiserne Zwischenwände geben die erforderliche Querstabilität.*

*Als Laufwerk sind drei Drehgestelle vorgesehen. Das mittlere Drehgestell ist als Jakobs-Drehgestell ausgebildet.*

*An beiden Wagenenden ist eine Mittelpufferkupplung vorgesehen, die je nach Fahrtrichtung durch einen Schieber abgedeckt wird.*

*Der mehrfarbige Anstrich sowie die strenge Linienführung geben dem Wagen ein schnittiges Aussehen. Wegen der hohen Geschwindigkeiten sind zur Abbremsung zwei voneinander getrennt arbeitende Bremsen vorgesehen.*

**Hauptabmessungen**

| | |
|---|---|
| Zylinderdurchmesser | 380 mm |
| Kolbenhub | 660 mm |
| Treibraddurchmesser | 2300 mm |
| Laufraddurchmesser | 1000/1250 mm |
| Fester Radstand | 2700 mm |
| Gesamtradstand | 10 500 mm |
| Dampfdruck | 20 Atü |
| Rostfläche | 2,04 $m^2$ |
| Heizfläche d. Feuerbüchse f.b. | 9,5 $m^2$ |
| Heizfläche d. Rohre f.b. | 95,7 $m^2$ |
| Heizfläche d. Kessels f.b. | 105,2 $m^2$ |
| Heizfläche des Überhitzers | 36,1 $m^2$ |
| Wasserrauminhalt d. Kessels | 4,3 $m^3$ |
| Dampfrauminhalt d. Kessels | 1,7 $m^3$ |
| Verdampfungsoberfläche | 7 $m^2$ |
| Wasservorrat | 15 $m^3$ |
| Kohlenvorrat | 4,5 t |
| Ölvorrat | 0,75 t |
| Leergewicht | 64,5 t |
| Dienstgewicht | 89,3 t |
| Reibungsgewicht | 40 t |
| Höchstgeschwindigkeit | 160 km/St. |

Wir wollen aus den Berechnungen, die den vorangegangenen Darstellungen der wirtschaftlichen Verhältnisse zugrunde gelegen haben, noch die Beschaffungskosten selbst wiedergeben. Danach war der „Fliegende Hamburger" mit 360 000 RM zu Buche geschlagen (nämlich Motoren mit 100 000 RM, Elektrik und Fahrzeugteil jeweils 130 000 RM), während der leichte Dampfschnellzug pro Lok nur 130 000 RM und für den Wagenteil nochmals den gleichen Betrag kosten sollte. Infolge des höheren Kaufpreises hatte der Triebwagen auch den größeren Unterhaltungsaufwand, während seine Personalkosten (2 Triebwagenführer, 2 Schaffner) von 22 056 RM unter denen des Dampfzuges (4 Lokomotivbedienstete, 2 Schaffner) von 34 152 RM liegen sollten. Dem lagen Monatsgehälter von 359 RM zuzüglich Nebengebühren und sozialen Lasten zugrunde.

Auch ein Blick auf die Brennstoffkosten ist lehrreich. Bei einem durchschnittlichen Tempo von 130 km/h verbrauchte der Dieselzug (2×410 PS), allerdings nach älteren Quellen, pro Kilometer 1,58 Liter Dieselöl zum Preise von 8 Rpf/l, hinzu kamen geringe Mengen an Zylinderöl und Schmieröl. Bei der Dampflok war mit einem spezifischen Kohlenverbrauch von 0,9 kg/PSih ihr Brennstoffkonsum zu 4,5 t/1000 km errechnet, die Tonne zu 23 RM; außerdem war an Heißdampföl, Schmieröl und Speisewasser zu denken.

## Die Reichsbahn berät

Die Studie der beiden Unternehmen wurde nun, um ihre technische Realisierbarkeit zu überprüfen, im Laufe des Sommers 1933 von der Hauptverwaltung an den Ausschuß für Lokomotiven der Deutschen Reichsbahn-Gesellschaft überwiesen. Es hat fast den Anschein, als sollte erst einmal die „Feuerprobe" des Schnelltriebwagens abgewartet werden, der seit dem 15. Mai 1933 als FDt 1/2 zwischen Berlin Lehrter Bf und Altona Hbf über Hamburg Hbf werktags im planmäßigen Dienst verkehrte. Zwar mußte wegen Meßfahrten, Fristuntersuchungen und Reparaturen etwa ein Viertel seiner Läufe durch den „Ersatzzug" aus Baureihe 03 und drei „Hechtwagen" wahrgenommen werden, doch handelte es sich hier teilweise auch um die bei jedem Einzelstück unvermeidlichen Unzuträglichkeiten - eine Erkenntnis, die sich mit dem späteren Henschel-Wegmann-Zug noch viel deutlicher einstellte. Jedenfalls schlug der „Fliegende Hamburger" beim reisenden Publikum überaus gut ein, und man dachte sofort an Nachbestellungen in verbesserter Ausführung.

Grund genug also für die Lokomotivbauer, an einer raschen Behandlung ihrer Vorschläge interessiert zu sein. Auf seiner 23. Sitzung befaßte sich der Lokausschuß, ein Gremium aus erfahrenen Vertretern des Betriebsdienstes und des Werkstättenwesens, vom 18. bis 20. Oktober 1933 in Karlsruhe mit der Henschel-Studie.

Als Berichterstatter trug der Dezernent für Versuche im Reichsbahn-Zentralamt für Maschinenbau, Reichsbahnoberrat Hans Nordmann, die Meinung des kritischen Konstrukteurs vor. Wir zitieren auszugsweise die Beratungsniederschrift, die ein typisches Beispiel für die blumenreich-vorsichtige, an einen preußischen Juristen erinnernde Diktion des Charlottenburger Professors Nordmann wiedergibt.

*Ein Vergleich zwischen dem Schnelltriebwagen und einem Ersatzdampfzug wurde bereits einmal angestellt, als es sich darum handelte, den im Ausbesserungsfall des Schnelltriebwagens betriebsnotwendig zu stellenden D-Zug mindestens gleichen Fassungsvermögens mit einer 03-Lokomotive auch wirtschaftlich gegenüberzustellen.*

*Damals erschien der Schnelltriebwagen wirtschaftlich überlegen, und diese Stimmung waltete zunächst auch gegenüber dem von Henschel vorgelegten Dampftriebzug ob. Immerhin war jener Vergleich nur auf die gerade verfügbaren Ersatzfahrzeuge zugeschnitten, von denen die 03-Lokomotive, für die vorgesehene Geschwindigkeit leistungsfähiger als nötig, weiterhin die Platzzahl des Ersatzdampfzuges größer als die des Schnelltriebwagens war und endlich, weil ein an sich nicht grundsätzlicher Unterschied noch vorlag, nämlich die fehlende stärkere Anpassung der 03-Lokomotive an die Stromlinienform.*

*Der Dampftriebzug nach dem Henschelschen Entwurf, der die Anpassung einer leichteren Lokomotive an einen triebwagenartigen Verkehr im Entwurf vorsieht und sich dabei auch von vornherein einer Stromlinienform der Fahrzeuge bedient, ist nunmehr also Gegenstand der Beratung.*

*Zunächst erscheint eine allgemeine Stellungnahme zu dem Entwurf auch aus dem Grunde zweckmäßig, weil dabei Gesichtspunkte zur Sprache kommen, die für die vor allem zu prüfende Wirtschaftlichkeit von erheblicher Bedeutung sind. Wie schon erwähnt, ist der ganze Zug stromlinienartig gestaltet, wobei sogar die Zuschärfung des Doppelwagens, mit dem Hamburger Schnelltriebwagen verglichen, unnötig stark erscheint. Da die Zuspitzung das von Henschel gewählte Maß nicht zu haben braucht, wird man also auch am hinteren Ende der Lokomotive die große „Aufnahmetüte" in der Längsrichtung kürzer gestalten können.*

*Eigenartig ist jedenfalls der Gedanke, die Personenwagenzuschärfung so in die rückwärtige Öffnung der Tenderlokomotive einzufügen, daß ein Abreißen der Luftströmung und Wirbel möglichst nicht auftreten.*
*Bei der Platzanordnung des Doppelpersonenwagens ist der Versuch gemacht worden, die für größere Strekken weit angenehmere Form des abgeschlossenen Abteils in größerem Umfange zur Geltung zu bringen. Es lassen sich dann allerdings infolge der Zwischenwände schwerlich 4 Plätze auf einer Bank bei der nötigen Bequemlichkeit vorsehen; man würde deshalb auch, schon um auf einen möglichst schlüssigen Vergleich zu kommen, die Sitzanordnung ausführen wie bei dem Hamburger Schnelltriebwagen, wobei Unterfragen, wie Anordnung des kleinen Speiseraums usw., wagenbaulich nochmals zu überprüfen wären. Diese Frage spielt insofern für die Wirtschaftlichkeitsberechnung eine Rolle, als man die zu vergleichenden Selbstkosten für jeden beförderten Platz eben an der Zahl der angebotenen Sitzplätze erkennen kann.*

Professor Hans Nordmann (1879–1957), der Versuchsdezernent des Reichsbahn-Zentralamtes Berlin. (Foto: Ullstein)

*Die Lokomotive ist als 2B1-Tenderlokomotive mit 20 t Achsdruck auf beiden Treibachsen vorgesehen. Für den verhältnismäßig leichten Triebwagenzug würde die zweifache Kupplung selbst dann ausreichend sein, wenn man sich auf etwa 18 t Achsdruck beschränken würde. Das Verhältnis Reibungsgewicht zum Gesamtzuggewicht ist auch dann immer noch wesentlich größer als bei einem normalen Dampfzug. Freilich nimmt angesichts der Ausbildung als Tenderlokomotive das Reibungsgewicht mit abnehmenden Vorräten ab, aber selbst gegen Ende der Fahrt bleibt das Verhältnis noch immer größer als das eines FD-Zuges.*
*Die Innenzylinderanordnung, die von Henschel gewählt worden ist, erfordert nicht nur eine bauliche Beurteilung, sondern spielt gleichfalls in die Wirtschaftlichkeit hinüber; es ist das zunächst mittelbar der Fall hinsichtlich des Ansatzes für den Luftwiderstand; die hier gewählte Anordnung der Wasserbehälter mit schräg abfallender Begrenzung für besonders gute Sicht und Einfügung in eine Art Stromlinienform wäre bei außen liegendem Triebwerk in der Art nicht ganz möglich. Im übrigen wird die gewählte äußere Lokomotivform etwa das Mittel halten zwischen dem völlig stromlinienförmig verkleideten Tenderlokomotivmodell aus dem Göttinger Windkanal und dem gleichen Modell ohne verkleidetes Triebwerk. Hierbei ist der Luftwiderstand insofern sogar noch etwas überwertet, als der Henschel'sche Entwurf das Bestreben erkennen läßt, die Fahrzeugumgrenzungslinie möglichst nicht ganz auszufüllen, während die in Gestalt ihrer Modelle in Göttingen geprüfte Lokomotive für sehr große Leistungen die Umgrenzung voll in Anspruch nahm.*
*Die Innenlage der Zylinder hat weiter auch einen gewissen Einfluß auf den Dampfverbrauch insofern, als man trotz der verhältnismäßig kleinen Zylinderabmessungen wegen der sehr geschützten Lage und der fehlenden Abkühlungsverluste den spezifischen Dampf- und also Kohlenverbrauch der 04-Lokomotive unterstellen darf.*
*Die kleinen Zylinderabmessungen gestatten andererseits eine kräftige Durchbildung der Kurbelblätter und einen ausreichend kleinen Zapfendruck, um sich mit der wohl sonst weniger erwünschten Kropfachse noch einverstanden erklären zu können. Auch das jede Steuerung antreibende Exzenter dürfte bei der leichte-*

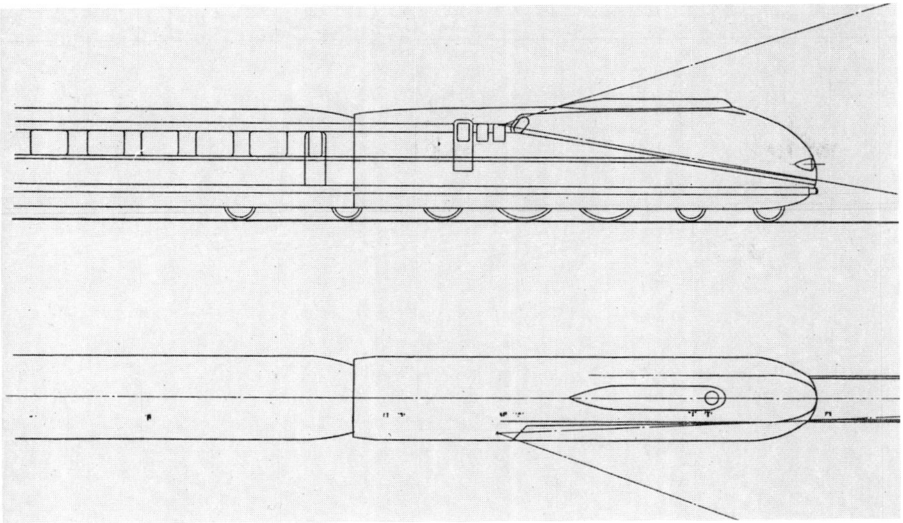

Streckensicht aus der Henschel-Schnellfahrlokomotive. (Werkfoto/Verkehrsmuseum)

*ren Gestaltung der Steuerung noch anwendbar sein. Es wäre im übrigen wohl durch Gegenkurbel und Übertragungswelle ersetzbar. Eine nähere Durcharbeitung des Dampftriebzuges würde zweckmäßig mit dem gleichen Raddurchmesser wie bei der großen Schnellfahrlokomotive vorgenommen, um nicht noch eine weitere, engbenachbarte Reifengröße zu erhalten.*

*Wenn, wie schon bemerkt, die Verbrauchszahlen der 04-Lokomotiven eingesetzt wurden, so trägt dazu der auch von Henschel erwähnte Umstand bei, daß der Kessel der Baureihe 64, der mit dem vorliegenden nahe übereinstimmt, sich als Kessel recht guten Wirkungsgrades erwiesen hat. Die im Wirtschaftlichkeitsbericht eingesetzte Zahl 0,8 kg/PSih erscheint also angemessen, weil auch eine fühlbare Verschlechterung des Dampfverbrauchs bei hohen Geschwindigkeiten nicht festgestellt wurde.*

*Was weiter den Kessel anbetrifft, so ist eine Wasserkammer vorgesehen, die sich bei Versuchen als ausgezeichneter Wärmeaufnehmer erwiesen hat, gerade darum aber auch die Überhitzung beeinträchtigt. Es bedarf daher noch einer näheren Prüfung an Hand des Versuchsmaterials, ob man die Kammer in diesem Fall anwenden kann, wo man im Interesse eines besonders kleinen spezifischen Dampfverbrauchs eine hohe Überhitzung gerade anstrebt. Auch die Festigkeitsfrage wäre nach den Ergebnissen der 25-at-Lokomotiven noch zu erwägen. Im übrigen erweist sich bei der folgenden Betrachtung der Kessel als so groß bemessen, daß dem Mehr an „~1 m²" Feuerbüchsheizfläche keine entscheidende Bedeutung zukommt.*

*Nachdem der Gesichtspunkt hervorgetreten ist, wegen der niedrigeren Schwerpunktlage den Triebwagen in Krümmungen eine etwas höhere Geschwindigkeit zuzugestehen als der 01- bzw. 03-Lokomotive, die an sich freilich für das Befahren einseitiger Gleisunebenheiten wieder günstig ist, ist die niedrigere Kessellage des Entwurfes, durch den kleineren Kessel möglich, zu begrüßen.*

*Die bei 150 km/h Dauergeschwindigkeit notwendige Leistung beträgt 660 Psi, und mit dieser Rechnung ist auch die Wirtschaftlichkeitsrechnung für 150 km/h durchgeführt worden. Insofern hat Henschel den Triebwagen verbrauchsmäßig zu ungünstig beurteilt, als er ihn in der Beharrung bei 150 km/h mit der Volleistung der Dieselmotoren einsetzt. Einer unsicheren Einschätzung der Triebwagenleistung geht der Vergleich dadurch aus dem Wege, daß er die Verbrauchszahlen von den messenden Versuchsfahrten nach Hamburg einführt. Da die Versuchsfahrten bei*

*gutem Wetter stattfanden, wurde auch bei dem Dampftriebwagenzug eine Fahrt bei Windstille angesetzt.*
*Wenn man die Lokomotive mit einer Kesselanstrengung von 57 kg/m²h Dampferzeugung einsetzt und einen Dampfverbrauch von 6 kg/PSih zugrunde legt, so kommt man mit rund 70 m² bei 150 km/h Geschwindigkeit auf 1 : ∞ im Beharrungszustand aus. Die 04-Lokomotive hat sogar nur 5,73 kg/PSih bei größerer Fahrgeschwindigkeit gebraucht; Henschel hat 5,9 kg/PSih vorausgesetzt.*
*Es empfiehlt sich natürlich für eine gute Anfahrbeschleunigung, die beabsichtigte Höchstgeschwindigkeit noch mit fühlbarer Beschleunigung zu erreichen. Will man das ohne stärkere Kesselbeanspruchung können, muß man einen Zuschlag an Heizfläche vorsehen, eine Maßnahme, die angesichts des FD-Zug-Charakters mit meist seltenerem Anfahren sehr vorsichtig wäre. Dafür stände hier bei der endgültigen Wahl des Henschel'schen Kessels sogar eine Beschleunigungsreserve (950 PSi gegen 660 Psi) von 40% zur Verfügung, die sehr reichlich wäre.*
*Henschel selbst hatte das übrigens gar nicht im Auge, sondern er will eine kräftige Anfahrbeschleunigung durch eine stärkere Beanspruchung des Kessels bis zu 82 kg/m²h erreichen. Läßt man eine solche, wenn auch nicht ganz so hohe, vorübergehende Anstrengung zu, was gerade bei den kleineren Kesseln nach den Erfahrungen mit der hoch beanspruchten P8-Lokomotive am ehesten möglich ist, so erscheint die Reserve bei 100 m² Heizfläche selbst für Erreichung der 160 km/h oder für ungünstige Witterung (starker Gegenwind) so groß, daß man an eine gewisse Verkleinerung des Kessels denken könnte. Das hätte den Vorteil, in Verbindung mit den vielleicht auch etwas einzuschränkenden Vorräten und der durch die geringere Trichterlänge etwas erleichterten Bekleidung fühlbar unter den Achsdruck von 20 t herabgehen zu können, um den Anwendungsbereich des Dampftriebzuges auch für die Berliner Stadtbahn zu sichern. Denn ohnehin ergibt der Lastenzug, weil die 20 t nur bei 2 Achsen in dem verhältnismäßig großen Abstand von 2,7 m auftreten, wesentlich kleinere Momente für die Fahrbahn als bei der 01-Lokomotive mit 3 Treibachsen und einer Schleppachse von je 20 t.*
*Die Entscheidung über die anzuwendende Kesselgröße würde zweckmäßig aus der Durchrechnung der möglichen Fahrpläne auf einer Flachlandstrecke ermittelt werden, eine Arbeit, die in der verfügbaren Zeit nicht mehr möglich war. Jedenfalls ist aber leistungstechnisch der Henschel'sche Entwurf in der vorliegenden Gestalt der gestellten Aufgabe reichlich gewachsen und bietet nach dieser Richtung nicht die geringsten Bedenken.*
*Eine Nachprüfung verdient noch die Durchrechnung der Zylinderdurchmesser. Wie sich hier zeigt, ist das Vorgehen von Henschel, die Zylinder nur aus dem Beharrungszustand zu berechnen, für große Geschwindigkeiten trügerisch, mindestens dann, wenn man gerade mit einer großen Anfangsbeschleunigung rechnet. Die Zylinder müsser daher größer, nicht unter 420 mm ∅ sein. Selbstverständlich ist Henschel in dem Bestreben zuzustimmen, die Anfahrten möglichst flott durchzuführen; eine Abstimmung auf die des dieselelektrischen Triebwagens, der die von Henschel angenommene Beschleunigung ziemlich nahekommt (0,32 m/sec² statt 0,4 m/sec²).*
*Betrieblich wäre noch zu sagen, daß, wenn derartige Züge eine gewisse Verbreitung erreichten, die vollständig durchführbare Trennung zwischen Antrieb und Wagen für die Zahlen der vorzuhaltenden Fahrzeuge angesichts des verschiedenen Ausbesserungsumfangs von Lokomotive und Wagen sich vorteilhaft auswirken könnte, insofern man vielleicht mit einer kleineren Wagenzahl als Lokomotivzahl auskäme, während bei Schnelltriebwagen bei einem Maschinenschaden auch der Wagenteil mit totgelegt würde.*
*Für die Ruhe des Laufes, soweit sie vom Fahrgast im Wagen empfunden wird, wird vielleicht der von der Lokomotive gezogene Wagen sogar etwas ruhiger laufen als der Schnelltriebwagen, der von der Mitte aus angetrieben wird.*
*Für die Wirtschaftlichkeitsberechnung bliebe noch zu betonen, daß für Verzinsung, Tilgung usw. die gleichen Sätze gewählt sind wie in dem Aufsatz von Ministerialrat Fuchs über die Entwicklung der Triebwagen im „Organ", Heft 3/1933. Dabei ist der Ansatz der Unterhaltungskosten beim Triebwagen wesentlich geringer, als er sich bis jetzt als notwendig erwiesen hat. Die Wirtschaftlichkeitsberechnung, die allerdings bei Henschel etwas günstiger ausgefallen ist, wurde, um einen Vergleichsmaßstab zu haben, für die 287 km lange Strecke Berlin–Hamburg durchgeführt. Das Er-*

*gebnis besteht aus einem 6 Prozent billigeren Betriebe des Dampftriebzuges, soweit die Kosten auf das durchfahrene km bezogen werden.*
*Geht man dagegen von der angebotenen Platzzahl aus und legt, indem man die Triebwagenausstattung auch beim Dampfzug nach dem Muster des Hamburger Triebwagens (102 Plätze) ausführt, die 128 Plätze zugrunde, so würde das Platz-km bei dem Dampfzuge sogar um 25 Prozent billiger.*
*Die entsprechenden Kosten sind bei Bezugnahme allein auf das km 0,5291 beim Dampftriebzug gegen 0,5635 RM beim Schnelltriebwagen, während die Selbstkosten pro Platz-km sich wie 0,4135 zu 0,552 verhalten. Dies Ergebnis zeigt den Dampftriebzug in so günstiger Beleuchtung, daß man sich dem Gedanken einer Ausführung nicht gut wird entziehen können; denn wenn die Reichsbahn alle Wege zur Verbesserung ihres Verkehrs beschreitet, so darf sie eine Zugform, die sich aus durchaus bekannten und bewährten Elementen zusammensetzt, wie den gebräuchlichen Lokomotiven und Wagen, nicht übergehen.*
*Ich empfehle daher dem Lokomotiv-Ausschuß, sein Gutachten dahin abzugeben: Der Ausschuß empfiehlt angesichts der namentlich auf das Platzkm bezogenen geringeren Selbstkosten des Dampftriebzuges Henschel'scher Bauform gegenüber einem dieselelektrischen Triebwagen gleicher Fahreigenschaften die versuchsweise Ausführung eines solchen Dampftriebzuges aufgrund einer nochmaligen Überarbeitung des Henschel'schen Entwurfes.*

Nordmann war also zu einem für Henschel und Wegmann doch recht erfreulichen Urteil gelangt. In der Wirtschaftlichkeitsberechnung hatte er zwar nicht die 26 Prozent Minderkosten pro Kilometer aus der Kalkulation von Henschel erreicht, weil er den Brennstoffverbrauch des „Fliegenden Hamburgers" nach jüngsten Messungen nur noch mit 0,88 l/km annehmen konnte, doch blieb immer noch ein Vorsprung des Dampfzuges von 6 Prozent; erst bei Bezugnahme auf den Platzkilometer war wieder ein Viertel Ersparnis denkbar.
In der nun anschließenden Aussprache wurden weitere bemerkenswerte Einzelheiten aus dem Maschinenwesen und dem Betriebe der Reichsbahn, namentlich mit dem neuen Schnelltriebwagen, zu Gehör gebracht. Zunächst ergriff der Ausschußvorsitzende, Direktor Wilhelm Bergmann aus Hannover, das Wort.

*Der geplante Dampfzug soll als Ersatz für den Schnelltriebwagen eingesetzt werden können, der auf der Strecke Berlin–Hamburg verkehrt und in gleicher Ausführung für die Strecke Berlin–Köln vorgesehen ist. Der Dampfzug muß also alle Voraussetzungen erfüllen, die an einen solchen Schnellverkehr gestellt werden müssen. Für die Strecke Berlin–Köln erscheinen die von Henschel vorgesehenen Vorräte an Kohle und Wasser zu klein, ferner ist der Achsdruck mit 20 t zu groß, weil der Dampfzug über die Berliner Stadtbahn verkehren soll. Eine Erweiterung des Schnellverkehrs auf die Strecken Berlin–Frankfurt und Berlin–Dresden erscheint nicht ausgeschlossen.*
*Der Schnelltriebwagen hat zwei Antriebsmaschinen, so daß er immer noch mit hoher Geschwindigkeit fahren kann, wenn eine Maschine ausfällt. Es ist also in dem Fahrzeug selbst eine hohe Reserve vorhanden. Das ist natürlich bei der Dampflokomotive nicht der Fall. Ich habe daher gewisse Bedenken gegen die Gestaltung des Henschel-Entwurfs. Bei der Lokomotive muß trotz sorgfältigster Unterhaltung und bester Pflege mit Schäden am Triebwerk gerechnet werden, die einen Lokomotivwechsel erfordern.*
*Gleichartige Tenderlokomotiven oder auc Schnellzuglokomotiven stehen auf langen Streckenabschnitten nicht zur Verfügung. Es muß daher möglich sein, bei Lokomotivschäden den Zug wenigstens mit der größten Geschwindigkeit der Ersatzlokomotive zu befördern, da ein Umsteigen der Reisenden in andere Wagen, besonders während des Winters, vermieden werden muß. Das erfordert die Ausbildung der Tenderlokomotive und des 1. Wagens mit normalen Zug- und Stoßvorrichtungen.*
*Es dürfte daher zu prüfen sein, ob der Zug vielleicht auf den wenigen Endbahnhöfen durch eine Dreiecksfahrt gedreht werden kann, so daß die gleiche Soghaube stets am Ende des Zuges sein würde. Sollte das nicht möglich sein und auch ein Drehen der einzelnen Fahrzeuge bei Verwendung von Wagen mit je zwei Drehgestellen nicht durchführbar sein, so empfehle ich, auf die Soghaube zu verzichten und eine Tenderlokomotive mit zwei Wagen zu bauen, deren Ausbil-*

*dung möglichst geringen Luftwiderstand ergibt und die angedeuteten Betriebsschwierigkeiten vermeidet.*

Nun gab auch der Dezernent für die Bauart der Dampflokomotiven im Reichsbahn-Zentralamt, Oberrat Richard Paul Wagner, seine Stellungnahme ab. Sie war kürzer als erwartet, schien ihm doch diese Sonderkonstruktion, ähnlich wie die ein Jahr zuvor konzipierte Schnellzuglok-Baureihe 05, als Einbruch in das Vereinheitlichungsprogramm nicht uneingeschränkt begrüßenswert. Zugleich sah er aber die Möglichkeit, angesichts der auch in seinem Amt drohenden Bevorzugung des Motortriebwagens durch einen zukunftweisenden Entwurf doch auf die Möglichkeiten des Dampfes hinzuweisen.

*Ich stimme zu, daß ein Dampfzug, der äußerlich der hohen Geschwindigkeit entsprechend ausgeführt ist, gesamtwirtschaftlich dem Triebwagen unbedingt überlegen ist. Zu empfehlen wäre, den vorliegenden Entwurf nach Möglichkeit parallel mit dem der 150-km-Schlepptenderlokomotive durchzuarbeiten. Die Heizfläche gestattet ohne weiteres eine Höchstgeschwindigkeit von 160 km bei einem Raddurchmesser von 2300 mm, wie er für die Schlepptenderlokomotive neuerdings vorgesehen wird.*
*Betriebliche Schwierigkeiten durch die Ausbildung der Wagenenden lassen sich vermeiden, wenn die Wagen wie bei der Berliner Stadtbahn rangiert werden, wo man einen zweiachsigen O-Wagen verwendet, der an einem Ende die Regelkupplung, am anderen Ende eine Scharfenbergkupplung hat. Solche Wagen könnte man auf mehreren Bahnhöfen der befahrenen Strecke bereitstellen. Ist das aber unbedingt nötig? Die Scharfenbergkupplung liegt beim Henschel-Entwurf so weit vorn, daß sie mit jedem andern Fahrzeug gekuppelt werden kann, wenn die Soghaube aufgespreizt wird. Andererseits hat die Deutsche Reichsbahn bei vielen Fahrzeugen die grundlegende Bestimmung verlassen, daß die Fahrzeuge mit jedem andern beliebigen Fahrzeug gekuppelt werden können; aus diesem Grunde könnte man, wenn nicht besondere Gegengründe vorhanden sind, diese Erleichterung auch für den Dampfzug in Anspruch nehmen.*

Dr.-Ing E. h. Richard Paul Wagner (1882–1953), der Dezernent für die Bauart der Dampf- und Öllokomotiven im Zentralamt Berlin.

Ein weiteres Ausschußmitglied, Reichsbahnrat Staufer vom Maschinenamt Rosenheim, plädierte diesbezüglich für die normale Ausführung der Wagenenden, möglicherweise mit Faltenbälgen über die ganze Stirnfläche, und für die Ausführung der Soghaube in Stoff, um sie mit einem Scherenwerk ausspreizen oder mit Bremsdruckluft wie eine Tüte aufblasen zu können. Segeltuch war ja damals, etwa auf den Dächern älterer Schnellzugwagen oder bei der seitlichen Bespannung des „Schienenzeppelins", noch durchaus üblich. Und Faltenbälge über die ganze Wagenbreite, mit denen an Eilzugwagen auch bereits Versuche unternommen worden waren, galten zur Verminderung des Luftwiderstandes ohnehin als unerläßlich. Sie waren auch für die Reihe 05 vorgesehen.
Der nächste Beitrag zur Aussprache kam vom Einkaufsdezernenten im Zentralamt, Reichsbahnoberrat Karl Günther, der zuvor die Grunewalder Versuchsabteilung für Lokomotiven geleitet hatte.

*Es ist nichts Neues, einen Zug mit verringertem Luftwiderstand zu bauen, der nur auf einer Strecke hin- und herfährt; in Belgien verkehren derartige Züge seit Jahrzehnten auf der Strecke Brüssel–Antwerpen. Die Schlußwagen sind allerdings so gebaut, daß sie mit jeder beliebigen Lokomotive gekuppelt werden können. Das muß auch hier möglich gemacht werden.*
*Für den Schnelltriebwagen stehen in Berlin, Wittenberge und Altona Ersatzwagenzüge, die bei Betriebsstörungen die Reisenden weiter befördern. Den Dampfzug sollte man so bauen, daß er eine solche Reserve nicht braucht. Die Wagen müssen also normal gekuppelt werden können oder Übergangsstücke und*

*an einem Ende nach dem Vorschlag Staufer eine aufspreizbare Soghaube besitzen. Um den Endwiderstand zu vermindern, kann man auch eine feste Sogspitze vorsehen, die mit Hilfe eines besonderen Wagens an das eine Zugende an- und am Wendepunkt nach Abkuppeln und Drehen auf das andere Zugende umgesetzt wird. Im übrigen erscheint die Sogspitze des Henschel-Entwurfes viel zu kurz.*
*Zu dem Entwurf ist ferner zu sagen: Man soll bei derartig schnellfahrenden Zügen die notwendige Anfahrbeschleunigung nicht unterschätzen, vielmehr berücksichtigen, daß die Strecken, auch die neuerdings gut ausgebauten, vielfach Langsamfahrstellen haben, hinter denen der Zug in kürzester Zeit wieder auf volle Geschwindigkeit beschleunigt werden muß; die Zylinder sollten deshalb nicht zu klein sein. Weiter sollte man bei dieser Gelegenheit die Bemühungen um eine leichtere D-Zugwagenbauart kräftig unterstützen, zwei leichte D-Zugwagen mit ihrer uneingeschränkten Kupplungsmöglichkeit dürften nur wenige Tonnen mehr als der Henschelsche Doppelwagen wiegen.*

Bei der weiteren Erörterung kamen nochmals die verschiedenen Ansätze der Wirtschaftlichkeitsberechnung zur Sprache, besonders auch der Umstand, daß für die Unterhaltungskosten des Dieselwagens noch keine stabilen Werte feststanden. Hierzu erläuterte Professor Nordmann, daß die mehrfachen Motorschäden des Schnelltriebwagens seine Zahlen eher als zu niedrig erscheinen ließen. Nachdem auch die damals alle Gemüter besonders heftig bewegende Frage des Luftwiderstandes noch einmal ausführlich besprochen worden war, faßte der Ausschuß als Empfehlung an die Reichsbahn-Hauptverwaltung den folgenden Beschluß.

*1. Der Ausschuß möchte für den schnellfahrenden Dampfzug betrieblich außerhalb der Zugeinheit unbenutzbare Sonderfahrzeuge nicht verwendet wissen, wie es bei Triebwagen geschehen ist. Er empfiehlt daher, Lokomotive und Wagen als Fahrzeuge so auszubilden, daß sie im Notfalle auch außerhalb des Schnellverkehrs verwendet werden können. Es erscheint ohnedies möglich, die beiden Wagen unabhängig voneinander zu bauen, was auch den Vorteil größerer Wagenbreite bringt. Die Sogspitze wird sich als Stoffhaube, mit niedrig gespannter Druckluft aufgeblasen, ausbilden lassen. Die Lokomotive kann durch die ohnedies vorausgesetzten breiten Faltenbalge an den vorderen Wagen organisch angeschlossen werden.*
*2. Der Entwurf erscheint insofern noch verbesserungsbedürftig, als der Kohlenvorrat für eine Fahrstrecke von 600 km, der Wasservorrat für mindestens 300 km ausreichen muß.*
*3. Hinsichtlich des Achsdruckes wird noch zu prüfen sein, ob der hier günstigere Lastenzug den Verkehr auf der Berliner Stadtbahn zuläßt, etwa unter der Voraussetzung, daß auf einem der westlichen Bahnhöfe der Wasservorrat aufgefüllt wird.*
*4. Wenn alle diese Voraussetzungen erfüllt werden, kann der Ausschuß die versuchsweise Ausführung eines derartigen Dampfzuges empfehlen.*

In der Reichsbahn-Hauptverwaltung hatte sich inzwischen einiges getan. Der große Erfolg des „Fliegenden Hamburgers“ bei den Fahrgästen, die häufig Karten einige Wochen im voraus bestellen mußten, hatte Anlaß dazu gegeben, in dieser Art die ersten Zweige eines ganzen Schnellverkehrsnetzes zu planen.
Dazu befand sich auch bereits der neue Schnelltriebwagen des Typs „Hamburg“ in der Planung, wiederum zweiteilig mit Jakobs-Drehgestell, aber nur noch mit 77 bequemeren Sitzplätzen, äußerlich durch etwas mehr Länge und größere Fenster zu erkennen. An einen Entwurf mit vermehrtem Sitzangebot, das man auf der Kölner Strecke benötigte, wagte man sich nur zögernd heran, weil die Motorenleistung von 2×410 PS dafür nicht ausreichte. Erst als Maybach auch die Fertigungsreife des aufgeladenen 600-PS-Motors ankündigte, wurden zu den dreizehn SVT „Hamburg“ noch vier dreiteilige Exemplare der Bauart „Leipzig“ bestellt.
Hier also lagen die neuen Chancen des Dampfzuges: Nicht um die günstigere Erfüllung der Aufgaben des Dieselzuges sollte es gehen, sondern um die Übernahme von Leistungen, denen der Konkurrent nach dem Stand der Technik vorläufig nicht gewachsen sein würde.

# Kapitel 2: Die Entstehung der Schnellfahrlokomotive 61001

Reichsbahndirektor Ministerialrat a. D. Friedrich Fuchs (1871–1958), in der Reichsbahn-Hauptverwaltung zuständig für alle wichtigen Fragen des Lokomotivwesens.

So bat der Sachreferent Fuchs am 10. Januar 1934 die Vertreter der Firmen Henschel und Wegmann aus Kassel zu sich nach Berlin, um mit ihnen die Grundfragen des Entwurfes noch einmal durchzusprechen. Die in der maschinentechnischen Abteilung zuvor getroffene Entscheidung hat Fuchs später auch veröffentlicht.

*Die Deutsche Reichsbahn stimmt der Erprobung eines solchen Dampfzuges grundsätzlich zu, verlangt aber eine wesentliche Erweiterung des Betriebsprogrammes. Sie kann nicht damit zufrieden sein, lediglich den Schnelltriebwagen durch einen entsprechenden Dampfzug zu ersetzen, wie dies der vorgelegte Entwurf bezweckt. Mit diesem Entwurf sind die in der Dampflokomotive gegebenen Möglichkeiten keineswegs ausgeschöpft. Der nicht erweiterungsfähige Zweiwagenzug ist betrieblich unbequem, sein Fassungsvermögen gering und die Verpflegungsmöglichkeit der Fahrgäste beschränkt. Außerdem haftet der Lokomotive der Nachteil an, daß sie auf dem Endbahnhofe gedreht werden muß.*

In seinem Gespräch mit den Firmenvertretern machte Friedrich Fuchs auch keinen Hehl daraus, daß er die vom Ausschuß vorgeschlagene Stoffhaube kaum als eine praktisch brauchbare Lösung ansah, und glaubte aufgrund jüngerer Windkanalversuche inzwischen auch, auf diesen bescheidenen Gewinn an Windschlüpfrigkeit verzichten zu können. Sodann besprach man den Entwurf einer 2B2-Lokomotive, von deren Realisierung man aber wegen der befürchteten Schleuderneigung bald wieder Abstand nahm. In einem Vermerk, der zugleich die Gesichtspunkte

Der dreiteilige Schnelltriebwagen Typ „Leipzig", Leistung 2×600 PS, Baujahr 1935. (Foto: Linke-Hofmann-Busch)

für das die weitere Konstruktion verfolgende Zentralamt für Maschinenbau festlegte, faßte Fuchs das Ergebnis der Unterredung zusammen.

*Der Aufstellung des Entwurfs hat ursprünglich die Absicht zugrunde gelegen, eine mit Dampf betriebene Zugeinheit zu schaffen, die denselben betrieblichen Anforderungen genügt wie der dieselelektrische Schnelltriebwagen der Deutschen Reichsbahn. An einem für den zukünftigen Schnellverkehr verwendbaren Triebzug müssen jedoch in betrieblicher Hinsicht darüber hinausgehende Forderungen gestellt werden. Der maximale Fassungsraum des Zuges muß größer sein und sich dem veränderlichen Verkehr durch entsprechende Verkleinerung oder Vergrößerung der Zugeinheit anpassen lassen. An Stelle eines Doppelwagens werden deshalb 4 vierachsige Wagen vorzusehen sein; hierdurch wird gleichzeitig auch das Verhältnis Lokomotivgewicht : Zuggewicht günstiger.*
*Der Triebzug soll aus Wagen einer möglichst leichten Bauart bestehen, die in beliebiger Zusammensetzung laufen können. Der Zug muß mindestens insgesamt 200 Sitzplätze, und zwar 2. Klasse (3 Plätze in einer Reihe) und 3. Klasse (4 Plätze in einer Reihe) enthalten. Außerdem ist ein hinreichend großer Gepäckraum, ein kleinerer Postraum und ein Speiseraum mit kleiner Küche vorzusehen. Zug- und Stoßvorrichtungen sollen so ausgeführt werden, daß der Triebzug von einer beliebigen anderen Lokomotive befördert werden kann; die Beförderung der Wagen in normalen Zügen ist im Interesse einer möglichst leichten Ausführung nicht vorgesehen. Zwischen Lokomotive und Wagen und den einzelnen Wagen untereinander sind zur Herabminderung des Luftwiderstandes Faltenbalgen vorzusehen.*
*Die Leistung der Tenderlokomotive, die bereits bei dem Henschel-Entwurf etwas knapp bemessen war, wird entsprechend der erhöhten Zuglast vergrößert werden müssen und zusammen mit ausreichenden Vorräten voraussichtlich zum Entwurf einer 2C2-Tenderlokomotive führen. Die Lokomotive soll in beiden Richtungen fahren können und Anschlußmöglichkeit mit Faltenbalgen an den Wagenzug erhalten. Für die bequeme Bedienung der Lokomotive bei Fahrt mit dem Führerhaus voran werden gegebenenfalls Steuerung und Regler doppelt vorzusehen sein. Die Lokomotive muß im Begrenzungsprofil I nach Anlage E der BO gebaut werden und im Interesse hoher Geschwindigkeit im Gleisbogen möglichst niedrige Kessellage erhalten. Bei Bemessung der Heizfläche und der Zylinderdurchmesser muß besonderer Wert auf eine große Anfahrbeschleunigung gelegt werden, da der Dampftriebzug bei häufigen Aufenthalten eine hohe Reisegeschwindigkeit erreichen soll.*
*Die Höchstgeschwindigkeit des Triebzuges wird auf 160 km/h festgesetzt. Kohlen- und Wasservorrat ist so groß zu bemessen, wie dies unter Berücksichtigung der vorstehenden Grundsätze für den Bau der Lokomotive möglich ist. Die Bremse muß so durchgebildet werden, daß ein Bremsweg von 1000 m aus 150 km/h Geschwindigkeit nicht überschritten wird. Die zweckmäßigste äußere Form des Triebzuges wird durch weitere Modellversuche im Windkanal zu ermitteln sein.*
*Die Firmen Henschel & Sohn und Wegmann sind vorläufig mündlich aufgefordert worden, umgehend im gegenseitigen Benehmen entsprechende Vorentwürfe aufzustellen.*
*Die Mittel sind im Zusatzprogramm 1934 vorgesehen.*

## Eine neue Konstruktion

Damit waren die Weichen für den Henschel-Wegmann-Zug, wie wir ihn heute kennen, gestellt. Bei Henschel machten sich Heise und Knipping, nachdem ihnen im Februar 1934 von R. P. Wagner alle maßgeblichen Bedingungen nochmals schriftlich mitgeteilt worden waren, erneut an die Arbeit. Eingehendere konstruktive Forderungen waren die nach einem Wasservorrat für 300 km Fahrt, nach Brennstoffen für die doppelte Strecke, nach innengelagerten Drehgestellen zur Gewährleistung ruhigen Laufes und dergleichen mehr.
Bei dem zur Erfüllung des Betriebsprogramms ausgerechneten Leistungsvermögen von etwa 1600 PS in den Zylindern kamen die Konstrukteure bald in Gewichtsnöte. Den Blechmantel mit seinen Trägern konnte man nur durch weitgehende Schweißung von Bauteilen der Lok ausgleichen; auch die Wahl des höheren Kesseldrucks war nur mit der Verwendung schwachlegierten Molybdänstahls (Ruhrstahl Henrichshütte) von 48 bis 56 kg/mm$^2$ Festigkeit (St 52)

innerhalb der vorgegebenen Gewichtsgrenzen denkbar. Zugleich hoffte man, durch den bei 20 atü Druck niedrigeren Dampfverbrauch zu einem erweiterten Fahrbereich zu kommen. Selbst der Abdampf der Turbogeneratoren für die Zugbeleuchtung sollte zurückgewonnen werden, um keinen Liter Wasser zu verschenken. Um Gewicht zu sparen, wurde trotz der hohen Fahrgeschwindigkeit auch der Antrieb durch zwei Dampfzylinder vorgesehen. Zweifellos hätte ein Antrieb durch drei Dampfzylinder einen ruhigeren, von Zuckungen freien Lauf gewährleistet. Dieser Vorteil hätte aber entweder zu unzulänglichen Vorräten oder zu unzulässig großen Raddrücken, insbesondere des vorderen Drehgestells, geführt. Von dieser Bauart mußte daher abgesehen und versucht werden, mit anderen Mitteln einen befriedigenden Lauf sicherzustellen.

Dies geschah etwa dadurch, daß man die hin- und hergehenden Massen mit 15,3 Prozent so weit auszugleichen trachtete, daß die freien Fliehkräfte bei 160 km/h Geschwindigkeit immerhin 19 Prozent über den ruhenden Raddruck hinausgingen. Dazu war, weil § 69 (3) der „Technischen Vereinbarungen“ nur eine Erhöhung um 15 Prozent zuließ, eine Sondergenehmigung des Verkehrsministeriums erforderlich.
Im Trieb- und Laufwerk ergaben sich weiterhin als Drehzahlen der Kuppelräder bei 175 (160) km/h Werte von 404 (369) U/min bei neuen Reifen und von 420 (384) U/min bei abgenutzten Radreifen. Für den Kolbenhub von 750 mm folgten hieraus mittlere Kolbengeschwindigkeiten von 10,1 (9,2) m/sec bei neuen und 10,5 (9,6) m/sec bei abgefahrenen Reifen, bezogen wieder auf 175 (160) km/h. Man hoffte,

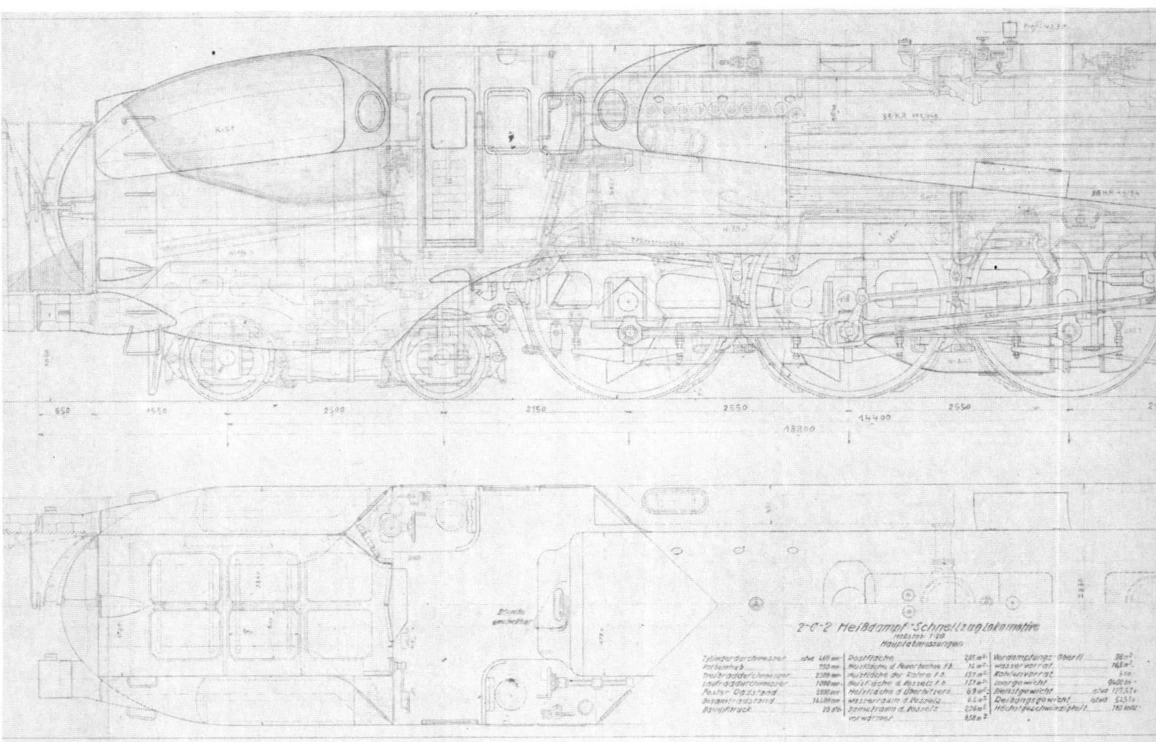

diese Werte trotz der in Aussicht genommenen Überhitzung von 420 bis 430°C mit besten Heißdampfölen noch beherrschen zu können.
All diese Überlegungen fanden Eingang in die Arbeiten der Kasseler Ingenieure. Schon wenige Wochen nach dem Besuch in Berlin, am 29. März 1934, legten sie ihre neue Projektstudie vor, aus welcher die hier wiedergegebene große Zeichnung entnommen ist. Die Ausbildung der Stromlinienform richtete sich nun nach dem Stand der Wissenschaft, den die gerade in jenen Tagen abgelieferte Borsig-Maschine 03 154 mit der parabolförmigen Rauchkammerfront verkörperte, also nach der strengsten Tropfenform.
Freilich ergaben sich auch an diesem Entwurf noch Änderungen. Der Laufraddurchmesser wurde in Übereinstimmung mit der Reihe 05 auf 1100 mm gebracht, die Berechnung der Gewichte mußte etwas korrigiert werden. Dann war es endlich so weit: Über eine 2C2-h2-Tenderlokomotive in dieser Form, für welche die Reichsbahn nun die Reihenbezeichnung 61 angab, wurde der Firma Henschel & Sohn am 28. August 1934 der Auftrag zum Bau erteilt (Vertrag Nr. 05.042/23.234).
Bei Wegmann hatten August Bode und der Vorsteher Müller in der Konstruktionsabteilung gleichzeitig das Projekt zu dem Vier-Wagen-Zug aus, wie die Engländer und Franzosen sagen, „Würstchen"-Waggons fertiggestellt. Leider ließ sich eine Zeichnung dieser sehr rundlichen Wagen nicht mehr aufspüren, und wir sind auf die kurzen Ausschnitte angewiesen, die auf den Lokomotivskizzen mit erscheinen. Der über diese Fahrzeuge vergebene Vertrag lautete 03.966/26.361.
Die Firma Henschel belegte das prestigeträchtige

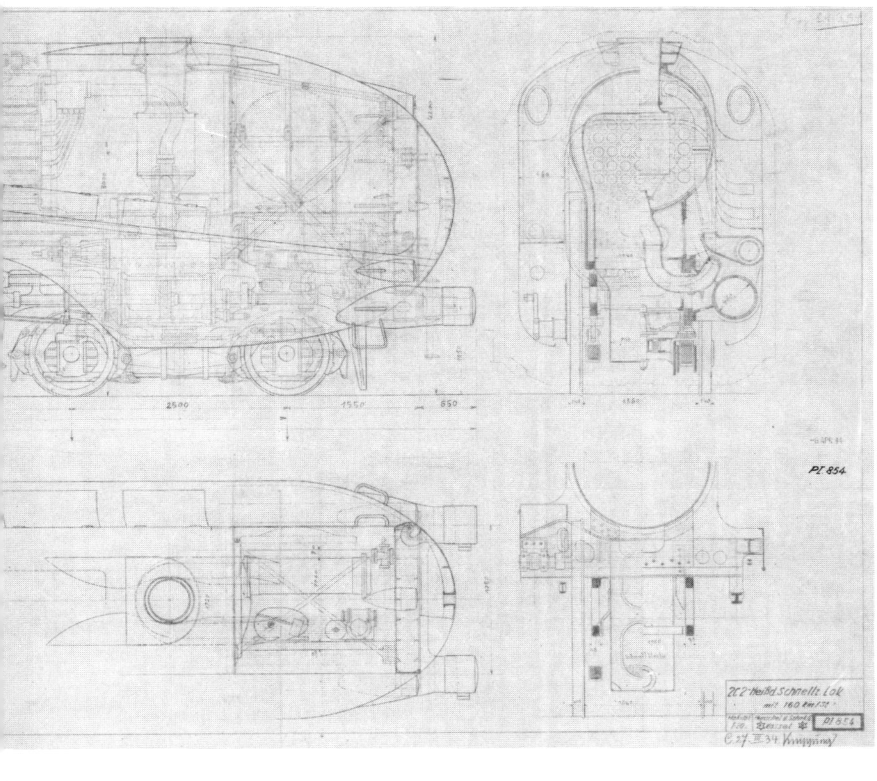


Wiederum von Knipping, dessen Signatur unten rechts zu sehen ist, stammt dieser erste Entwurf zur 2C2-Baureihe 61. Aufgestellt am 27. März 1934. Man beachte besonders den Faltenbalg-Übergang zum Wagenzug.

Objekt mit der auffallenden Fabriknummer 22 500. Vor ihm war als 22 499 eine feuerlose Breitspurmaschine für Argentinien eingetragen; die Nummer 22 501 hielt man im Werk, vielleicht in Erwartung eines Anschlußauftrages, vorläufig noch frei. Sie sollte erst 1946, um die Lücke zu füllen, mit einem D-Kuppler nach Muster KDL 6 für die Deutsche Eisenbahn-Gesellschaft in Frankfurt (M) endgültig besetzt werden. Mit den nun folgenden Fabriknummern 22 502 bis 505 gingen vier kleine 900-mm-Baulokomotiven des Typs „Helfmann“ an die Firma Grün & Bilfinger in Mannheim.

Ominös bleibt die Henschel-Fabriknummer 22 501 aber doch. Unser Interesse an ihrer Besetzung wird noch erhöht durch die damals von Reichsbahnrat Friedrich Witte in der „Zeitung des Vereins Mitteleuropäischer Eisenbahnverwaltungen“ vom 14. März 1935 gegebene, also mehrere Wochen zuvor niedergeschriebene Mitteilung, an Stromlinienlokomotiven befänden sich drei Stück Reihe 05, zwei Stück Reihe 06 und zwei Stück Reihe 61 im Bau oder unmittelbar vor der Fertigstellung.

Nun, wir wissen, daß damals nur die Maschine 61 001 hergestellt worden ist. Der Gedanke, ihr zur Verbreiterung der Erprobungsbasis eine gleiche Schwester zur Seite zu stellen, bestand wohl von Anfang an, doch wurde der Auftrag umgehend auf nur ein Exemplar mit Zwillingsmaschine beschränkt, weil für die zweite Lok schon zu einem uns heute unglaublich früh erscheinenden Zeitpunkt, nämlich im Herbst 1934, das Dreizylindertriebwerk vorgesehen wurde. Damit aber war der Plan vom parallelen Bau der beiden Lokomotiven in Kassel dahin, und die später einmal gebaute 61 002 ist als eine vollkommen eigenständige Konstruktion anzusehen, für die ja dann die Fabriknummer 23 515 verwendet wurde. Wir werden trotzdem von der dreizylindrigen Schwestermaschine gleich etwas mehr erfahren.

Auf der übernächsten, der 25. Beratung des Lokomotivausschusses, die vom 14. bis 16. November 1934 in Cochem an der Mosel stattfand, kam nämlich noch einmal die Sprache auf die schnellfahrende Tenderlok. Bauartdezernent Wagner gab einen Überblick über die in seinem Ressort gegenwärtig laufenden Entwurfs- und Bauarbeiten, darunter auch die Reihe 61.

## Änderungen über Änderungen

Inzwischen sei die Höchstgeschwindigkeit auf 170 km/h angehoben worden, indes sei der „Übergang der Stromlinienverkleidung auf den Zug im Augenblick noch ungeklärt, da wegen des vorgesehenen Fahrens der Lokomotive in zwei Richtungen noch Schwierigkeiten in der Anbringung entsprechender Übergänge bestehen“. Hierauf schloß sich eine kurze Beschreibung der Maschine, für die ja nun bereits Kesselbleche und dergleichen in Arbeit waren, an.

*1. Der Kessel besitzt eine kupferne Feuerbüchse, 33 Rauchrohre und 86 Heizrohre von 5000 mm Länge. Speise- und Dampfdom sind normal.*
*2. Der Barrenrahmen ist 80 mm stark und schließt einen Teil der Wasserbehälter ein. Er stützt sich vorn und hinten auf je ein zweiachsiges Drehgestell normaler Bauart, jedoch mit Achsstand von 2500 mm. Weitere Wasservorräte befinden sich neben dem Kessel. Die Kohlenvorräte sind hinter dem Führerstand untergebracht.*
*3. Triebwerk und Steuerung sind an die 2C2-Borsig angelehnt. Im Interesse geringer Massenwirkungen werden die Stangen möglichst leicht aus hochwertigem Stahl ausgeführt. Da die Lokomotive auch rückwärts fahren soll, ist neben dem normalen Steuerungsbock noch ein weiterer Steuerungsbock für die Rückwärtsfahrt vorhanden. Die beiden Steuerungsmuttern sind auf einfache Weise miteinander gekuppelt.*
*4. Die Bekleidung in Stromlinienform ist wie bei der Borsig-2C2 aus 1 mm starkem Stahlblech hergestellt und umschließt die ganze Lokomotive. Nur am Triebwerk (neben den Treib- und Kuppelachsen) ist wegen der besseren Zugänglichkeit in der Bekleidung eine Unterbrechung gelassen worden. Notwendigenfalls kann aber auch hier die Bekleidung durchgeführt werden.*
*5. Sämtliche Räder der Lokomotive werden doppelseitig durch zweiteilige Bremsklötze abgebremst. Vom Reibungsgewicht der gekuppelten Achsen und von den Schienendrücken des jeweils nachlaufenden Drehgestells werden 180 Prozent, von denen des jeweils führenden 50 Prozent, bzw. 80 Prozent bei der 2. Achse, abgebremst.*

Betrachten wir zunächst die bis dahin gefundene Form des Anschlusses zum Zug einmal näher: Vorn und hinten sollte die Verkleidung fast halbkugelförmig zulaufen. Die Front war, um an die Rauchkammertür heranzukommen, nach links aufklappbar, während die Schale am Heck eine solche Einrichtung nicht benötigte. In ihrer Mitte trug jede der Schalen nach Art eines Verschlußbalkens – hinter einem Loch – die Falle für einen Querriegel, wie er ähnlich auch hinter dem Zentralverschluß in der Rauchkammertür anderer Dampfloks wirkte.

Mit jenem Riegel sollte freilich nicht die Schale befestigt werden, sondern vielmehr auf dieser der Träger für den berühmten Faltenbalg von etwa 1,70 m Breite seinen Halt finden. Die ganze Angelegenheit hätte also, wäre sie zur Ausführung gekommen, bei jedem Richtungswechsel umgesetzt werden müssen. Handrad und Knebel sollten das Gerüst gut festhalten.

Vor diesen Darlegungen Wagners auf der Ausschußsitzung hatte aber ein ablehnender Bericht Wittes, damals nach Rückkehr von einer Amerikareise zum Vorstand des Maschinenamtes 3 in Berlin berufen, über einen Esslinger Entwurf „Dampftriebfahrzeug für Kurzzüge“ (Lok-Magazin 69, Seite 257) gestanden, der zugleich ganz neue Ideen einführte.

*Durch die bisher stark betonte Entwicklung des Triebwagens ist die schnellfahrende Dampflokomotive kleiner Leistung vollkommen zurückgedrängt worden. Ansätze zu einer solchen Entwicklung, wie sie im Schnelldampfzug-Vorschlag von Henschel zum Ausdruck gebracht sind, sind leider, abgesehen von der starken Verzögerung der Umsetzung in die Tat, stark verwässert worden, obwohl gerade die Dampflokomotive als selbständiges Fahrzeug der in vielem der Entwicklung des Triebwagens Schwierigkeiten bereitenden Frage der Anpassung der Kraftquelle an stark schwankende Leistungen am besten und billigsten zu entsprechen vermag. Die Zugrundelegung der Doble- oder ähnlicher Anlagen für eine solche Lokomotive scheitert vorläufig an der in der einzelnen Kesseleinheit erzielbaren Leistung, würde also den Nachteil der Kesselbatterie bringen und außerdem auch die Ölfeuerung voraussetzen oder eine Entwicklung vielleicht auf der Basis der Staubfeuerung.*

*Diese Entwicklung kann und darf nicht erst abgewartet werden, da auch mit dem normalen Lokomotivkessel eine schnellfahrende Lokomotive für Kurzzüge über lange Strecken, also eine Art Schnelltriebwagenersatz, auf der Basis der Kohle geschaffen werden kann. Das der Durchbildung als Tenderlokomotive hindernd im Wege stehende Problem der Unterbringung der Vorräte, insbesondere des Wassers für das Durchfahren langer Strecken, kann durch die Kondensation unter atmosphärischen Druck beherrscht werden.*

*Für Geschwindigkeiten von mehr als 150 km/h sollte allerdings der Stangenantrieb verlassen werden. An seine Stelle könnte sehr wohl der Einzelachsdampfmotorantrieb treten, für den bereits eine ganze Reihe praktisch aussichtsreicher Vorschläge selbst für größte Leistungen vorliegt.*

*Ich empfehle deshalb, der Hauptverwaltung die Entwicklung einer schnellfahrenden Dampflokomotive vorzuschlagen, die geeignet ist, ihrer Leistung nach in Wettbewerb mit dem im Bau befindlichen Schnelltriebwagen zu treten, dabei aber in der Lage ist, schwankenden Verkehrsanforderungen sich besser anzupassen.*

Da wurde also einige Kritik – auch an Fuchs – laut. Mit gewissen Vorbehalten stimmte der Ausschuß sodann der weiteren Verfolgung von Wittes Plänen (Glasers Annalen Bd. 121 = 1937$^{II}$, Seite 9) zu, doch blieb die Resonanz aus der Hauptverwaltung eher verhalten. Dies ergibt sich aus der Entscheidung von Friedrich Fuchs unter dem 6. Mai 1935.

*Für die Bedienung des Schnellstverkehrs ist die im Bau befindliche 2C2-Tenderlok für 175 km/h entwickelt, die in Zukunft zur Erzielung eines möglichst ruhigen Laufs mit einem Mehrzylindertriebwerk zu bauen sein wird. Ob sich auf einer Tenderlok Einzelachsantrieb und Kondensation unter Beibehaltung des normalen Heizrohrkessels unterbringen lassen, erscheint fraglich. Da die Anwendung normaler, erprobter Bauformen rascher zum Ziele führen wird, ersuchen wir das Reichsbahn-Zentralamt für Maschinenbau in Berlin, von der Verfolgung des Einzelachsantriebs zunächst abzusehen und Entwürfe für die Lok der Reihe 61 mit Dreizylindertriebwerk aufstellen zu lassen. Nähere Weisungen hierüber folgen.*

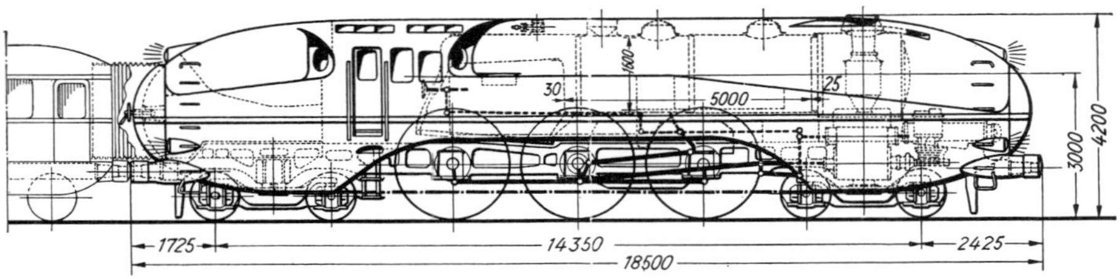


Der überarbeitete 2C2-Entwurf, wie er im Henschel-Lok-Taschenbuch 1935 abgedruckt wurde.

Hier finden wir also Andeutungen darüber, weshalb es zur zweiten Lok der Reihe 61 in der Anordnung 2C2-h2 (Fabriknummer 22501) nicht mehr gekommen ist. Doch zurück zu deren ursprünglicher Entwurfsbearbeitung im Herbst 1934: Ein wichtiger Schritt gegenüber der vorangegangenen Zeichnung war die Anlehnung der Drehgestellachsstände an das bei der Reihe 05 verwendete Maß von 2350 mm. Zugleich schob man das vordere Drehgestell enger an die Kuppelachsgruppe heran, um so die beiden ersten Achsen zu entlasten. Demzufolge mußte das hintere Drehgestell auf etwas mehr Abstand von den Treibrädern gebracht werden. Damit rückte die Stromlinienverkleidung insgesamt etwas nach hinten, was zu einer neuen Form für die beiden seitlichen Wasserkästen, nun mit waagerechter Decke, führte. Im Führerhausdach waren fortan Lüftungsklappen vorgesehen.

Der Gesamtachsstand und die Länge über Puffer ergeben sich aus der Skizze, die übrigens auch im Henschel-Lokomotiv-Taschenbuch 1935 von Dr.-Ing. Ewald veröffentlicht worden ist.

Wir wollen uns an dieser Stelle von Georg Heise über die Wahl einiger Ausführungen und Abmessungen berichten lassen, an denen sich im weiteren Verlauf der Planung nichts mehr geändert hat.

*Das Zweizylinder-Triebwerk arbeitet durch 3800 mm lange Treibstangen auf die Treibzapfen. Bei Formgebung der Triebwerksteile ist auf einen möglichst günstigen Massenausgleich Rücksicht genommen worden. So sind die Köpfe und Schäfte der Treib- und Kuppelstangen, die geschmiedeten Kreuzköpfe und die Kolben und Kolbenstangen durch entsprechende Ausfräsungen und Bohrungen auf ein Mindestgewicht gebracht worden, ohne daß die zulässigen Beanspruchungen überschritten werden.*

*Da die Lokomotive nach beiden Fahrtrichtungen verkehren soll, ist außer dem normalen Steuerbock für Vorwärtsfahrt noch ein senkrecht stehender Steuerbock für die Rückwärtsfahrt vorhanden. Die Steuerungsmuttern der beiden Steuerböcke sind durch einen gleicharmigen Hebel, in dessen Mitte die Steuerungszugstange angreift, miteinander verbunden. Bei Vorwärtsfahrt bildet das untere Auge dieses Hebels den Stützpunkt, bei Rückwärtsfahrt das obere Auge. Hierzu ist nötig, daß die Steuerungsmutter des jeweils ausgeschalteten Steuerbockes auf Mittelstellung steht.*

So weit der Stand vom Dezember 1934. Zu diesem Zeitpunkt hatte die Kesselschmiede die Kümpelteile für den Boiler schon in Arbeit. Dann kam aus Berlin die Entscheidung, den Faltenbalg zwischen Lok und Wagen aufzugeben, um den Fahrtrichtungswechsel nicht zu erschweren. Eine kritische Würdigung der Windkanalversuche hatte ergeben, daß der bauliche und der betriebliche Aufwand in keinem sinnvollen Verhältnis zu dem Gewinn durch kleinere Wirbelverluste mehr stand.

Die dazu notwendigen Änderungen der Lokomotivkarosserie wurden eingeleitet, indem man auch die bewußten „Halbkugeln“ vorn und hinten abschnitt, gleichzeitig unten etwas ansetzte. Der Vorwärmer, bisher in Längsrichtung vor der Rauchkammer, bezog nun den üblichen Platz quer vor dem Kamin. Dafür entfielen dort die schmalen, an die Ursprungsausführung der Reihe 05 erinnernden Windleitbleche. Das Fahrwerk war jetzt doch ganz verkleidet; Veränderungen an seinen Maßen schieden aber aus, weil der Rahmen bereits im Bau war. Nur die Länge über Puffer wurde noch auf 18475 mm gekürzt.

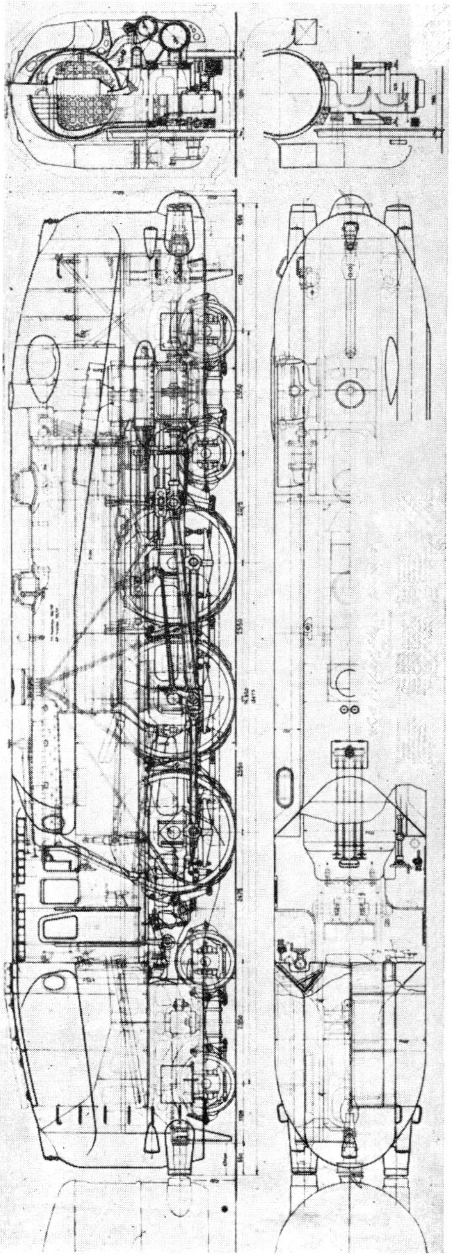

Oben: Ende 1934 war die Reihe 61 in dieser Form geplant, also nun ohne Faltenbälge.

Unten: Blick auf Rahmen, Kessel, Zylinder und Wasserkästen der Lokomotive 61 001 im Bau bei Henschel.

Werbung des Radsatzlieferanten mit den Teilen einer Garnitur für die Lokomotive 61 001, erschienen 1935.

Fast fertiggestellt in den Kasseler Werkhallen. Lokomotive 61 001 im Frühjahr 1935. (Werkfoto/Verkehrsmuseum)

Nach dem Wegfall des Faltenbalges wurden alle Anstrengungen unternommen, die Lokomotive möglichst nahe an den Wagenzug heranzubringen, um den Luftwiderstand herabzumindern. Damit konnten die für Zug- und Stoßvorrichtungen der Regelbauart vorgeschriebenen Abstände zwischen den Fahrzeugen nicht mehr eingehalten werden. Es mußte auf die Zughakenkupplung verzichtet werden, obgleich damit der Austausch der Lokomotive gegen eine solche der Regelbauart im allgemeinen ausgeschlossen wurde. Damit ergab sich die Notwendigkeit, eine selbsttätige Kupplung anzuwenden. Als solche wurde die Scharfenberg-Kupplung gewählt und so gestaltet, daß beim Kuppeln zugleich die Verbindung der Bremsleitung, einer besonderen Hochdruckluftleitung, der Dampfheizung und der zahlreichen elektrischen Leitungen selbsttätig hergestellt würde. Obgleich nun Seitenpuffer nicht mehr erforderlich gewesen wären, wurden doch eingekleidete Hülsenpuffer mit Ringfedern angebracht, die Beschädigungen der Lokomotive und der Wagen in den Abstellgleisen beim Dagegenfahren anderer Fahrzeuge verhüten sollten. Dazu ist noch zu bemerken, daß sich die Wagenpuffer der Einheitsbauart (mit dünnerer Grundplatte) im gekuppelten Zustand nicht mit den Lokpuffern berührten, um die Zuckbewegungen des Triebwerks nicht auf den Wagenzug zu übertragen.
Selbst Anfang 1935 wurde weiter an Details gefeilt. Die letzte, endgültige Zeichnung weist Umstellungen an der Vorwärmerverkleidung, den Stirnlampen, der Führerhaustür und an der Schürze vor den Kuppelrädern aus. In dieser Form wurde die Lokomotive 61 001 nun fertiggestellt. Ihre Kesselprobe wurde am 28. Februar 1935 abgenommen. Die Bauüberwachung lag in der Hand des Reichsbahnrates Kirchhoff vom Abnahmeamt 1 (Berlin) im Zentralamt für Einkauf. Zu Informationsbesuchen über den Baufortschritt und über die Ausführung weilten jetzt verschiedentlich auch die Dezernenten Wagner und Nordmann in Kassel.

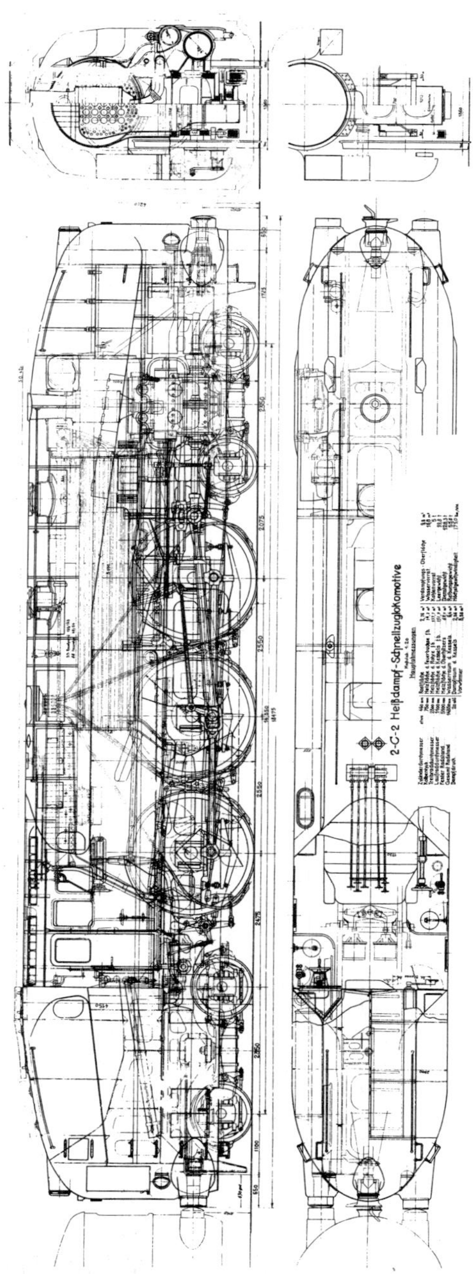


Seitenansicht und Schnitte der Lok 61 001 in der endgültigen Ausführung. (Sammlung Bündgen)

Am 29. Mai 1935 legten die Lackierer letzte Hand an den Schlußanstrich; am gleichen Tag wurde die Maschine auch dem Überwachungsbeamten zur letzten Prüfung gestellt und von diesem als bedingungsgemäß befunden. Am Rande sei noch bemerkt, daß beim sogenannten Auslitern der Wasserbehälter deren Fassungsvermögen tags zuvor tatsächlich mit 17,0 $m^3$ statt 16,5 $m^3$ ermittelt wurde, so daß Anschriften und Eintragungen in letzter Minute abgeändert werden mußten.

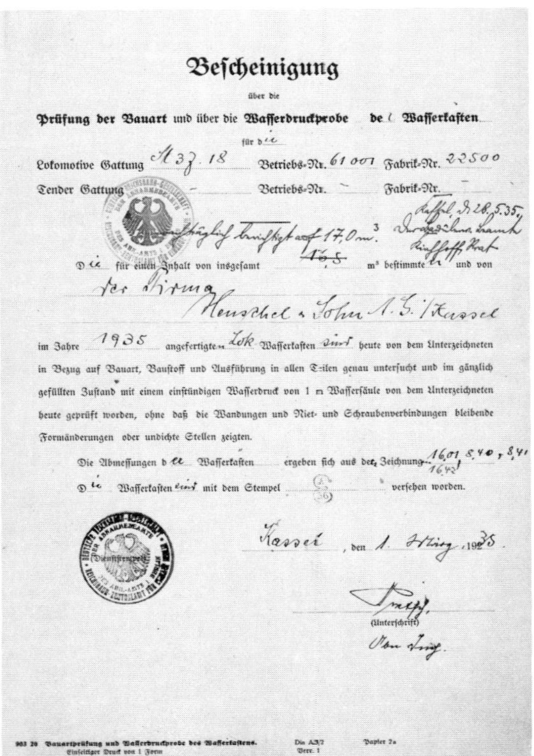

Bescheinigung

über die

Prüfung der Bauart und über die Wasserdruckprobe de l Wasserkasten

für die

Lokomotive Gattung 2C2 h2 37.18 Betriebs-Nr. 61 001 Fabrik-Nr. 22500

Tender Gattung – Betriebs-Nr. – Fabrik-Nr. –

Kassel, d. 28.5.35

nachträglich berichtigt auf 17,0 $m^3$

Die für einen Inhalt von insgesamt ~~16,5~~ $m^3$ bestimmte und von

der Firma Henschel & Sohn A.G. / Kassel

im Jahre 1935 angefertigten Lok Wasserkasten sind heute von dem Unterzeichneten in Bezug auf Bauart, Baustoff und Ausführung in allen Teilen genau untersucht und im gänzlich gefüllten Zustand mit einem einstündigen Wasserdruck von 1 m Wassersäule von dem Unterzeichneten heute geprüft worden, ohne daß die Wandungen und Niet- und Schraubenverbindungen bleibende Formänderungen oder undichte Stellen zeigten.

Die Abmessungen der Wasserkasten ergeben sich aus der Zeichnung 16,01 8,40, 8,41 16,42

Die Wasserkasten sind mit dem Stempel versehen worden.

Dienststempel

Kassel, den 1. März 1935.

(Unterschrift)

903 20 Bauartprüfung und Wasserdruckprobe des Wasserkastens. Din A3/7 Papier 2a
Einseitiger Druck von 1 Form Verr. 1

Aus der Abnahmebescheinigung der Wasserkästen geht hervor, daß deren Inhalt schließlich zu 17 $m^3$ festgestellt wurde. (Verkehrsmuseum)

# Die Bauart der Lokomotive

Nun wurde mit Bahndiensttelegramm in Berlin das Überführungskommando für die Lokomotive und den Zug angefordert. Ehe wir uns dessen Arbeit zuwenden wollen, sei noch die technische Kurzbeschreibung von Maschine und Waggons eingeflochten.

**Deutsche Reichsbahn**
**Beschreibung der 2C2-h2-Schnellfahr-Tenderlokomotive Reihe 61 für leichten Vier-Wagen-Zug**

*Die Lokomotive Reihe 61 ist bestimmt zur Beförderung eines Sonderzuges aus vier vierachsigen Wagen leichter Bauart mit einer Höchstgeschwindigkeit von 160 km/h. Die Achsenanordnung der Lokomotive mit einem vorderen und einem hinteren Drehgestell gewährleistet gute Fahreigenschaften in beiden Fahrtrichtungen bis zur Höchstgeschwindigkeit und ermöglicht ein zwangloses Befahren von Kurven bis herab zu 180 m Halbmesser. Mit Rücksicht auf den bei hohen Geschwindigkeiten auftretenden erheblichen Luftwiderstand ist die Lokomotive in Stromlinienform umkleidet und paßt sich die Kopfform an beiden Lokomotivenden der Kopfform der beiden Enden des Wagenzuges an. Zum Zwecke einer guten Übersicht auf die Strecke nach beiden Fahrtrichtungen sind Steuerbock, Regler, Bremsventile und sonstige vom Führer zu bedienenden und zu übersehenden Apparate doppelt ausgeführt. Der Achsdruck der gekuppelten Achsen mit je 18,5 t ermöglicht das Befahren der Fernstrecke der Berliner Stadtbahn.*

*Der nach unten zwischen die Kuppelräder eingezogene Stehkessel enthält die kupferne geschweißte Feuerbüchse, die in normaler Weise durch stählerne Deckenstehbolzen und Bügelanker und kupferne Stehbolzen mit dem Stehkessel verbunden ist. Der Langkessel von 1600 mm lichtem Durchmesser besteht aus zwei Schüssen, von denen der vordere den Speisedom mit dem Schlammabscheider, der hintere den Dampfdom mit dem Ventilregler Bauart Wagner trägt. Der Rost und der Aschkasten zeigen die übliche Ausführung. Der vordere obere Teil der Rauchkammer ist zu einer Nische ausgebildet, in der der mit Abdampf beheizte Speisewasser-Vorwärmer von 8,58 $m^3$ Heizfläche liegt. Zwischen dem Schornstein und dem tiefliegenden*

*Blasrohr ist ein aufklappbarer Funkenfänger eingebaut. Der Dampfsammelkasten ist mit getrennter Naß- und Heißdampfkammer ausgeführt, um eine Rückkühlung des Heißdampfes an der Wandung der Naßdampfkammer zu vermeiden.*
*Der Kessel wird durch eine Verbundspeisepumpe Bauart Knorr-Tolkien von 250 Liter minutlicher Leistung gespeist; das Speisewasser wird durch den Vorwärmer Bauart Knorr in den Speisedom gedrückt. Als zweite Speiseeinrichtung dient eine Dampfstrahlpumpe von ebenfalls 250 Liter minutlicher Leistung, die das Speisewasser unmittelbar in den Speisedom fördert. Die Ausrüstung des Kessels ist die übliche. Der auf dem Stehkesselscheitel liegende, absperrbare Dampfentnahmestutzen trägt die Anstell-Ventile für die Speisepumpe, die Dampfstrahlpumpe, die Luftpumpe, den Hilfsbläser, die Dampfheizung und die Turbogeneratoren für die Lichtanlage des Zuges.*
*Der Lokomotivrahmen ist als Barrenrahmen von 80 mm Stärke ausgebildet. Beide Rahmenplatten sind durch die Pufferträger, ferner durch die geschweißte Zylinderverbindung, deren oberer Teil zugleich den Rauchkammerträger bildet und in deren unterem Teil der Drehzapfen für das vordere Drehgestell angebracht ist, durch die beiden Querträger zur Aufnahme des geschweißten Gleitbahn- und Schwingenträgers, durch den vorderen und hinteren geschweißten Stehkesselträger und durch den geschweißten Drehzapfenträger für das hintere Drehgestell miteinander verbunden. Der Rahmen ist in 6 Punkten unterstützt. Mit seinem vorderen Teil stützt er sich auf die Gleitplatten des vorderen Drehgestells, mit seinem mittleren Teil auf die durch Ausgleichhebel miteinander verbundenen Tragfedern der gekuppelten Radsätze und mit seinem hinteren Teil auf die Gleitplatten des hinteren Drehgestells.*
*Zur Sicherung eines ruhigen Laufes ist der Radstand der Drehgestelle mit 2350 mm bemessen. Der begrenzte Ausschlag am Drehzapfen der Drehgestelle beträgt 80 mm nach jeder Seite. Die gekuppelten Radsätze sind fest im Rahmen gelagert. Die Spurkränze der Treibachse sind um 15 mm schwächer gedreht. Der Treibraddurchmesser von 2300 mm bei 100 mm Radreifendicke gestattet eine Höchstgeschwindigkeit von 175 km/Std. Die Treibachslager sind als Obergethmannlager mit unter der Achsmitte liegenden Hilfsbacken ausgebildet. Die Unterkästen sämtlicher Lager können ohne Ausbau der Tragfedern herausgenommen werden. Die Räder der gekuppelten Radsätze können in beiden Fahrtrichtungen mit Preßluftsandstreuern gesandet werden.*

Auf der Kesselzeichnung, die der Wasserdruckprobe am 28. Februar 1935 zugrundelag, ist rechts unten klein die Signatur Georg Heises zu erkennen. (Verkehrsmuseum)

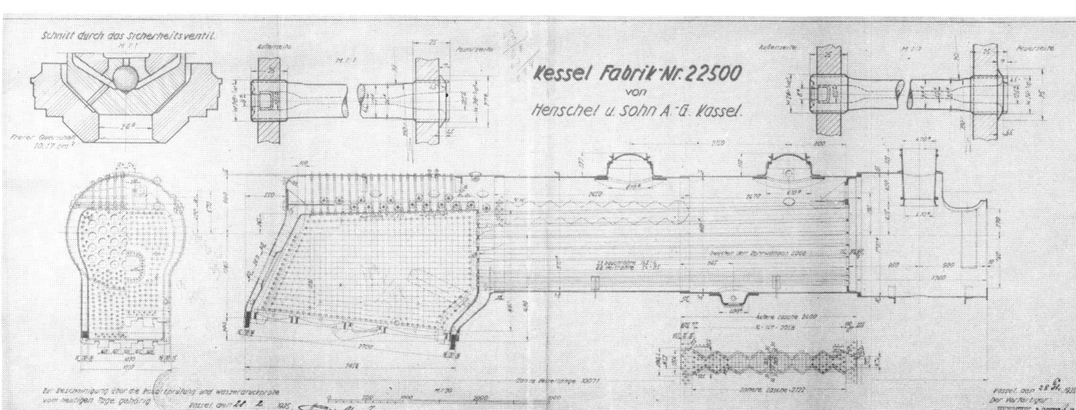

Links: Ansicht der „Tenderseite" der Lok 61 001 bei Lieferung im Mai 1935 auf dem Werkshof. Deutlich sind die Elektrokontakte der Scharfenberg-Kupplung zu sehen.
(Sammlung Bündgen)

Mitte: Werbung der Firma Henschel aus dem Jahre 1935.

Rechts: Vorderansicht der Lok 61 001 im Ablieferungszustand Mai 1935, noch mit dem schmalen oberen violetten Band.

*Das Triebwerk ist als Zwillingstriebwerk in der üblichen Weise ausgebildet. Die Treibstangenlager sind geteilt und durch Flachkeile nachstellbar. Die Kuppelstangen haben geschlossene Büchsenlager. Sämtliche Stangenlager werden durch Nadelschmiergefäße Bauart Fraatz mit Öl versorgt.*
*Die beiden waagerecht liegenden Zylinder arbeiten mit einfacher Dampfdehnung, haben Kolbenschieber von 300 mm Durchmesser und innere Einströmung, druckluftgesteuerte Druckausgleicher und auf jedem Zylinderdeckel ein Sicherheitsventil. Die Kolben sind je mit vier Dichtungsringen versehen. Die durchgehenden Kolbenstangen von gleichem Durchmesser werden durch gußeiserne Stopfbüchsen abgedichtet; vorn werden sie durch eine besondere Tragbüchse, hinten durch den Kreuzkopf getragen, so daß der Kol-*

*ben freihängend im Zylinder gleitet. Kolben, Schieber und Stopfbüchsen werden durch eine im Führerstand befindliche Schmierpumpe Bauart Bosch mit Tropfenanzeiger geschmiert.*
*Die Heusingersteuerung üblicher Bauart für Inneneinströmung mit Kuhn'scher Schleife gibt gleich gute Dampfverteilung bis 70 Prozent für Vor- und Rückwärtsfahrt.*
*Das Führerhaus hat in der abgeschrägten Vorder- und Hinterwand Drehfenster sowie Schiebefenster in den Seitenwänden. Die Einsteigöffnungen sind durch Türen mit Fallfenstern verschlossen. In der Decke befindet sich ein Lüftungsaufsatz mit verstellbaren Luftklappen. Die Lokomotive ist mit einer Verkleidung in Stromlinienform versehen, die sich in Kesselbreite mit ihren Seitenteilen auf die Decke der seitlichen Wasserkästen aufstützt und mit ihrem gut abgerundeten vorderen und hinteren Ende über die Pufferträger hinausreicht. Der Zutritt zur Rauchkammer erfolgt durch eine am Kopfende der Verkleidung befindliche Doppeltür. Der vor der Rauchkammer befindliche obere Teil der Bekleidung ist abnehmbar, um die seitlich am Rahmen befestigten Luft- und Speisepumpen ausbauen zu können.*
*Das ganze Triebwerk ist durch einen tief herabgezogenen Blechmantel verkleidet, um den Luftwiderstand nach Möglichkeit zu vermindern. Sämtliche am Langkessel befindlichen Armaturen und Rohrverschraubungen sowie die Achslager, Triebwerks- und Steuerungsteile sind durch entsprechend angeordnete Klappen mit Riegelverschluß zugänglich gemacht.*
*Die Verbindung von Lokomotive und Wagen erfolgt*

*durch die automatisch wirkende Scharfenberg-Kupplung, die beim Kuppeln zugleich die Verbindung der Bremsleitung, der Dampfheizung und der zahlreichen elektrischen Kabel nach dem Wagenzug automatisch vermittelt. Je zwei umkleidete Hülsenpuffer mit Ringfeder an den beiden Pufferträgern wirken stoßdämpfend.*

*Die Lokomotive ist mit einer selbsttätigen Druckluftbremse Bauart Hikst (eine Hikss-Bremse mit Hikpt-Steuerventil) ausgerüstet. Sämtliche Räder der Lokomotive werden doppelseitig durch zweiteilige Bremsklötze abgebremst. Die Bremsprozente sind so abgestimmt, daß der Bremsweg etwa 1000 m aus 150 km/h Geschwindigkeit für den ganzen Zug beträgt. Um dies zu erreichen, werden vom Reibungsgewicht der Lo-*

Deckblatt und Lokomotivbeschreibung aus dem Betriebsbuch der Lokomotive 61001, heute im Bestand des Verkehrsmuseums Nürnberg.

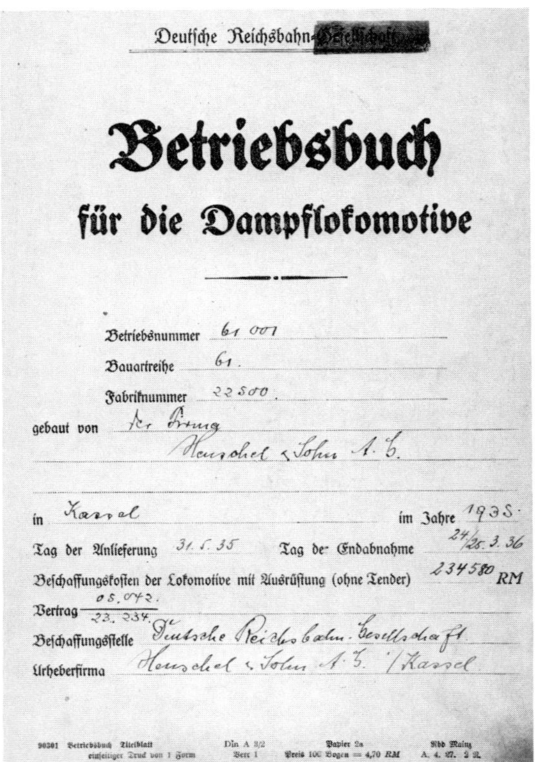

Deutsche Reichsbahn-[redacted]

# Betriebsbuch

## für die Dampflokomotive

Betriebsnummer 61 001

Bauartreihe 61.

Fabriknummer 22500.

gebaut von der Firma Henschel & Sohn A.G.

in Kassel im Jahre 1935.

Tag der Anlieferung 31.5.35 Tag der Endabnahme 24/25.3.36

Beschaffungskosten der Lokomotive mit Ausrüstung (ohne Tender) 234580 RM

Vertrag 05.042. / 23.234.

Beschaffungsstelle Deutsche Reichsbahn-Gesellschaft

Urheberfirma Henschel & Sohn A.G. / Kassel

90301 Betriebsbuch Titelblatt einseitiger Druck von 1 Form — Din A 3/2 Verr 1 — Papier 2a Preis 100 Bogen = 4,70 RM — Rbd Mainz A. 4. 27. 2 R.

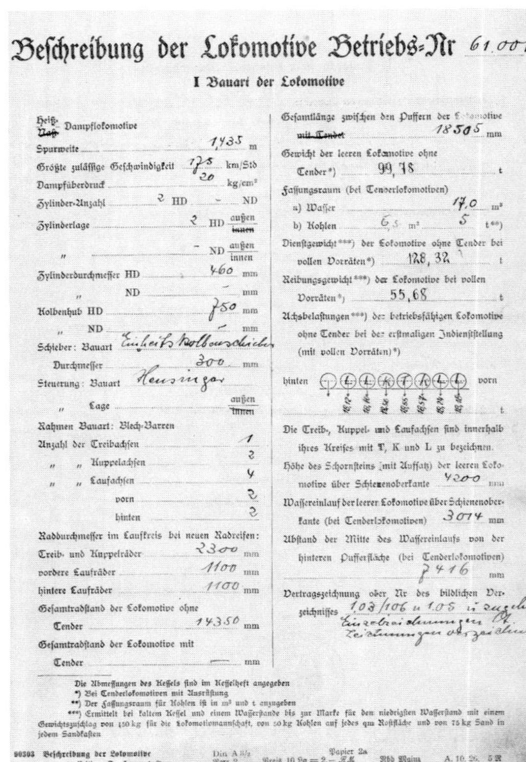

# Beschreibung der Lokomotive Betriebs-Nr 61.001

## I Bauart der Lokomotive

Heiß- ~~Naß-~~ Dampflokomotive

Spurweite 1,435 m

Größte zulässige Geschwindigkeit 175 km/Std

Dampfüberdruck 20 kg/cm²

Zylinder-Anzahl 2 HD – ND

Zylinderlage 2 HD außen ~~innen~~

" – ND außen / innen

Zylinderdurchmesser HD 460 mm

" ND – mm

Kolbenhub HD 750 mm

" ND – mm

Schieber: Bauart Einheitskolbenschieber

Durchmesser 300 mm

Steuerung: Bauart Heusinger

" Lage außen ~~innen~~

Rahmen Bauart: Blech-Barren

Anzahl der Treibachsen 1

" " Kuppelachsen 2

" " Laufachsen 4

vorn 2

hinten 2

Raddurchmesser im Laufkreis bei neuen Radreifen:

Treib- und Kuppelräder 2300 mm

vordere Laufräder 1100 mm

hintere Laufräder 1100 mm

Gesamtradstand der Lokomotive ohne Tender 14350 mm

Gesamtradstand der Lokomotive mit Tender — mm

Gesamtlänge zwischen den Puffern der Lokomotive ~~mit Tender~~ 18505 mm

Gewicht der leeren Lokomotive ohne Tender*) 99,78 t

Fassungsraum (bei Tenderlokomotiven)

a) Wasser 17,0 m³

b) Kohlen 6,5 m³ 5 t**)

Dienstgewicht***) der Lokomotive ohne Tender bei vollen Vorräten*) 128,32 t

Reibungsgewicht***) der Lokomotive bei vollen Vorräten*) 55,68 t

Achsbelastungen***) der betriebsfähigen Lokomotive ohne Tender bei der erstmaligen Indienststellung (mit vollen Vorräten)*)

hinten L L K T K L L vorn t

Die Treib-, Kuppel- und Laufachsen sind innerhalb ihres Kreises mit T, K und L zu bezeichnen.

Höhe des Schornsteins (mit Aufsatz) der leeren Lokomotive über Schienenoberkante 4200 mm

Wassereinlauf der leeren Lokomotive über Schienenoberkante (bei Tenderlokomotiven) 3014 mm

Abstand der Mitte des Wassereinlaufs von der hinteren Pufferfläche (bei Tenderlokomotiven) 7416 mm

Vertragszeichnung oder Nr des bildlichen Verzeichnisses 1.03/106 u 1.05 u zugehör. Einzelzeichnungen lt. Zeichnungsverzeichnis

Die Abmessungen des Kessels sind im Kesselheft angegeben

*) Bei Tenderlokomotiven mit Ausrüstung

**) Der Fassungsraum für Kohlen ist in m³ und t anzugeben

***) Ermittelt bei kaltem Kessel und einem Wasserstande bis zur Marke für den niedrigsten Wasserstand mit einem Gewichtszuschlag von 150 kg für die Lokomotivmannschaft, von 50 kg Kohlen auf jedes qm Rostfläche und von 75 kg Sand in jedem Sandkasten

90303 Beschreibung der Lokomotive zweiseitiger Druck von 1 Form — Din A 3/2 Verr 2 — Papier 2a Preis 10 Bg = 2,– RM — Rbd Mainz A. 10. 26. 5 R

*komotive 180 Prozent, von den Achsdrücken des jeweils vorlaufenden Drehgestells 50 bzw. 75 Prozent und von den Achsdrücken des jeweils nachlaufenden Drehgestells 180 bzw. 120 Prozent abgebremst. Die wechselnde Abbremsung der Drehgestellachsen je nach Fahrtrichtung wird von einem von der Lokomotivsteuerung zu betätigenden Umstellhahn erreicht. Außerdem ist ein Fliehkraftregler für hohe Geschwindigkeiten und im Boden des Wasserkastens zwischen den Rahmen und im Boden des hinteren Wasserkastens je ein vom jeweiligen Wasserstand abhängiger Druckübersetzer vorhanden. Außer der Hikst-Bremse ist noch eine Wurfhebelhandbremse angebracht.*

*Den elektrischen Strom für die Lokomotivbeleuchtung, für die Beleuchtung und für die Lüftermotoren der dampfbeheizten Luftheizung und für die Ladung der Batterien in den Wagen liefern zwei Turbogeneratoren von je 10 Kilowatt vor den seitlichen Wasserkästen. Der Abdampf der Turbogeneratoren wird dem zwischen den Rahmenwangen befindlichen Wasserkasten zugeführt. Ein Wärmemesser zeigt die Erwärmung des Speisewassers an. Steigt die Temperatur über 30 °C, so wird durch ein vom Führerstand aus zu betätigendes Umschaltventil die Abdampfleitung nach dem Wasserkasten abgeschaltet und der Abdampf in den Vorwärmer geführt, damit ein Versagen der Dampfstrahlpumpe vermieden wird.*

*Die Wasservorräte von insgesamt 17 m³ sind in einem unter dem Kohlenkasten befindlichen Wasserkasten (7,52 m³), zwei seitlich am Langkessel liegenden Sei-*

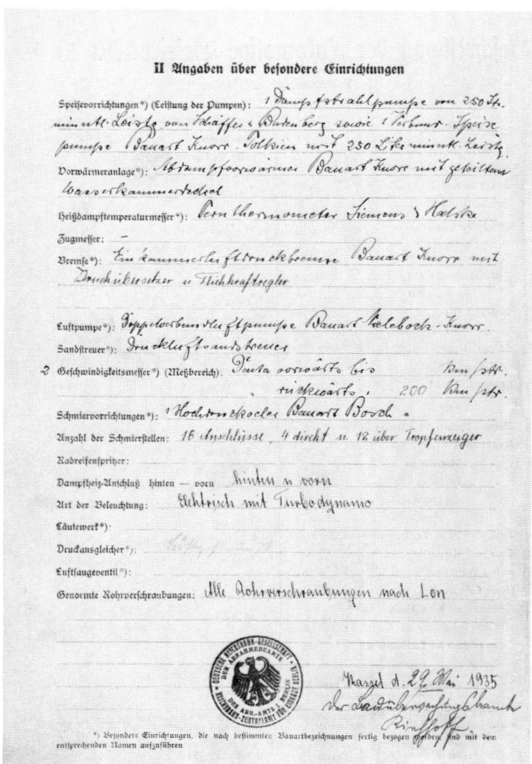

**II Angaben über besondere Einrichtungen**

Speisevorrichtungen*) (Leistung der Pumpen): 1 Dampfstrahlpumpe von 250 Ltr. minutl. Leistg. von Schäffer & Budenberg sowie 1 Turbinen-Speisepumpe Bauart Knorr-Tolkien mit 250 Ltr. minutl. Leistg.

Vorwärmeranlage*): Abdampfvorwärmer Bauart Knorr mit geteiltem Wasserkammerdeckel

Heißdampftemperaturmesser*): Fernthermometer Siemens & Halske

Zugmesser: –

Bremse*): Einkammerluftdruckbremse Bauart Knorr mit Druckübersetzer u. Fliehkraftregler

Luftpumpe*): Doppelverbundluftpumpe Bauart Nielebock-Knorr.

Sandstreuer*): Druckluftsandstreuer

2 Geschwindigkeitsmesser*) (Meßbereich): Deuta vorwärts bis km/std. rückwärts 200 km/std.

Schmiervorrichtungen*): 1 Hochdrucköler Bauart Bosch

Anzahl der Schmierstellen: 16 Anschlüsse, 4 direkt u. 12 über Tropfenzeiger

Radreifenspritzer:

Dampfheiz-Anschluß hinten — vorn: hinten u. vorn

Art der Beleuchtung: Elektrisch mit Turbodynamo

Läutewerk*):

Druckausgleicher*):

Luftsaugeventil*):

Genormte Rohrverschraubungen: Alle Rohrverschraubungen nach Lon

Deutsche Reichsbahn-Gesellschaft · Der Abnahmebeamte des Abn.-Amts 1 Berlin · Reichsbahn-Zentralamt für Einkauf Berlin

Kassel d. 29. Mai 1935
der Reichsbahnabnahmebeamte
Kirchhoff

*) Besondere Einrichtungen, die nach bestimmten Bauartbezeichnungen fertig bezogen werden, sind mit dem entsprechenden Namen aufzuführen

**Hauptabmessungen**

| | |
|---|---|
| Größte Geschwindigkeit | 175 km/h |
| Zylinderdurchmesser | 460 mm |
| Kolbenhub | 750 mm |
| Treibraddurchmesser | 2300 mm |
| Fester Radstand | 5100 mm |
| Gesamtradstand | 14 350 mm |
| Länge über Puffer | 18 505 mm |
| Leergewicht | 99,8 t |
| Dienstgewicht | 128,3 t |
| Reibungsgewicht | 55,6 t |
| Größter Achsdruck | 18,5 t |
| Kesseldruck | 20 atü |
| Rostfläche | 2,75 m² |
| Verdampfungsheizfläche fb. | 151,9 m² |
| Überhitzerheizfläche | 69,2 m² |
| Rauchrohre | 33 Stück 143×4 mm |
| Heizrohre | 88 Stück 54×2,5 mm |
| Länge der Rohre | 5000 mm |
| Wasserinhalt des Kessels | 6 m³ |
| Dampfraum des Kessels | 2,7 m³ |
| Verdampfungsoberfläche | 9,86 m³ |
| Wasservorrat | 17 m³ |
| Kohlenvorrat | 5 t |

*tenkästen (6,20 m³), einem zwischen den Rahmenplatten hängenden mittleren Wasserkasten (2,35 m³) und einem vor diesem, aber über dem Rahmen liegenden Wasserkasten (0,93 m³) untergebracht. Sämtliche Wasserkästen stehen durch Rohrleitungen miteinander in Verbindung und sind aus Gewichtsgründen geschweißt.*
*Der ebenfalls geschweißte Kohlenkasten mit einem Fassungsvermögen von 5 t Kohle bildet den hinteren Abschluß des Führerhauses und wird durch die in der Decke befindlichen Bekohlungsklappen beschickt. Die Feuergeräte sind in einem in den hinteren Wasserkasten eingebauten Rohr untergebracht.*
*Die Lokomotive ist mit induktiver Zugbeeinflussung der Bauart Lorenz AG Berlin ausgerüstet.*

Wir wollen nun noch einen Blick auf den Preis des neuen Zuges werfen. Die Angaben für die Lokomotive 61 001 schwanken zwischen 220 100 RM (Merkbuch) und 234 580 RM (Betriebsbuch), für den Zug mußten laut Merkbuch insgesamt 446 800 RM aufgewandt werden. In diesen Zahlen drückt sich auch der hohe Entwicklungskostenanteil der Einzelstücke aus, denn etwa für die Reihe 03 waren knapp 200 000 RM, für einen neuen Schnellzugwagen BC4ü rund 70 000 RM anzusetzen. Allerdings kostete 1938 der SVT „Köln" als Serienfahrzeug auch seine 600 000 RM, das Einzelstück SVT 137 155 gar eine Million.
Bereits in der zweiten Maihälfte 1935 hatte das Herstellerwerk seine neue Lokomotive zu Probefahrten auf dem Werksgelände und auf einigen Gütergleisen in der näheren Umgebung bewegt. Mancher Leser wird das damit verbundene Zeremoniell einer Überführung aus dem Stammwerk am Holländischen Platz und durch die Wolfhager Straße zum Bahnhof Unterstadt noch in der Erinnerung haben; ein Bild der Lokomotive 61 001 in der Kasseler Altstadt enthalten die „Stromlinien-Dampfloks der Reichsbahn", Seite 39.
Die weitere Fahrstrecke verlief sodann an der Mombachstraße, zwischen den Anlagen des Henschelwerkes Rothenditmold und der Waggonfabrik Wegmann hindurch, in Richtung zu dem Betriebswerk Kassel-Bahndreieck und zum Zentral-Rangierbahnhof der Stadt, von wo man sich den weiteren Weg suchte.
Besondere Rangiermaßnahmen erforderte die Abholung des Zuges bei der Übergabe an die Reichsbahn am 31. Mai 1935. Vom Werk über Unterstadt kommend, fuhr die Lok 61 001 mit dem Kamin voraus in den Gleisanschluß Wegmann, schleppte von dort rückwärts ihren Zug erst einmal nach Bahnhof Unterstadt, um dort neben ihm vorbeizufahren und sich endlich in Marschanordnung vor die Garnitur zu setzen – ein Schauspiel, welches das Publikum auf der Brücke der Wolfhager Straße mit großer Begeisterung verfolgte. Dort waren die Erbauer des Wagenzuges versammelt, dessen nähere Beschreibung – mit den Worten von Reichsbahndirektor Friedrich Fuchs – hier folgt.

Übergabe des Zuges an die Reichsbahn, 31. Mai 1935: Links Wegmann-Chef Bode beim Überwachen des Ankuppelns, rechts oben der fertige Zug auf dem Gelände seiner Firma, darunter die langsame Fahrt zum Bahnhof Kassel-Unterstadt. (Fotos: Wegmann und Sammlung Dr. Scheingraber)

Nochmals Blick auf die rückwärts nach Unterstadt fahrende Lok mit der Brücke der Wolfhager Straße in Kassel.

Die Lok 61 001 hat sich vom Zug gelöst und fährt nun rechts an diesem vorbei, um sich zur Weiterfahrt vor das Postabteil zu setzen.

Nochmals die Ankunft des Zuges im Bahnhof Unterstadt. Soeben wird die Lokomotive abgekuppelt.

Das Aussichtsabteil am Zugschluß; inzwischen ist die Lok 61 001 am anderen Zugende angekuppelt. (Alle Fotos: Wegmann)

Abfahrbereit in Kassel-Unterstadt: Jetzt steht die Lok mit dem Kamin voraus am Zug.

Abfahrt auf die Strecke: Hier ist zu erkennen, daß bei langsamer Fahrt Windleitbleche vorteilhaft gewesen wären. (Fotos: Wegmann)

# Kapitel 3: Die Wagen des Stromlinien-Zuges von Wegmann

*Der Wagenzug ist von der Wagenbauanstalt Wegmann & Co. in Kassel gebaut. Bei der beschränkten Leistung der ihn befördernden Tenderlokomotive mußte der Laufwiderstand des Zuges auf das äußerste erreichbare Maß eingeschränkt werden. Neben der Anpassung der Wagenwände an die Stromlinienform war vor allem die äußerste Gewichtsersparnis ein unabweisbares Erfordernis. Wenn es gelungen ist, diesen sehr gefällig ausgestatteten Zug mit den gebotenen Bequemlichkeiten mit einem Eigengewicht von nur 125 t bei 87,49 m Länge durchzubilden, so muß das als eine ganz besondere technische Höchstleistung angesprochen werden.*

**Allgemeine Anordnung**

*Dem Betriebsprogramm entsprechend besteht der Wagenzug aus vier Drehgestellwagen: einem Endwagen mit Postabteil, Gepäckraum, Küche mit Anrichte und Speiseraum, zwei Mittelwagen 2./3. Klasse und einem Endwagen 2./3. Klasse. Der Speiseraum hat 23 Sitzplätze, jeder Mittelwagen 12 Sitzplätze 2. Klasse und 56 Sitzplätze 3. Klasse, der andere Endwagen 24 Sitzplätze 2. Klasse und 32 Sitzplätze 3. Klasse.*

*Die Zusammensetzung des Zuges aus einzelnen voneinander unabhängigen Wagen bietet die Möglichkeit, sein Fassungsvermögen leicht dem Verkehr anzupassen. Bei geringerem Verkehr können ein oder beide Mittelwagen entfernt werden. Auf ruhigen Lauf mußte bei der großen Fahrgeschwindigkeit besonderer Wert gelegt werden. Um ihn zu sichern, sind die Wagen kurz gekuppelt und auf den Pufferbohlen und über den Stirnwandtüren Dämpfungspuffer eingebaut, die eine gewisse Verspannung der Wagen gegeneinander bewirken. Weiter mußte die äußere Form des Zuges so gestaltet werden, daß ein möglichst kleiner Luftwiderstand erzielt wurde.*

*Wie die Seitenansicht des Zuges erkennen läßt, ist der Raum unterhalb der Untergestelle seitlich durch Blechschürzen abgedeckt, die in der Verlängerung der Seitenwände ziemlich tief nach unten herabgezogen sind. Ferner sind die einzelnen Wagen durch zwei Faltenbälge verbunden, einen äußeren in der Flucht der Seitenwände und des Daches liegenden und einen inneren, so daß den Luftwiderstand erhöhende Einsprünge vermieden sind. Weiterhin sind die Fenster und Türen möglichst weit an die Außenflächen der Seitenwände herangerückt und deren Öffnungen unter einem Winkel von 45° abgeschrägt. Die Personenwagen haben die Einstiege an den Enden, der Gepäckwagen in der Mitte. Die beiden Schlußwagen sind an den Enden abgerundet, und das Dach ist entsprechend herabgezogen, in Übereinstimmung mit der Abrundung der Lokomotive, um möglichst geringen Luftwiderstand zu bieten.*

*Wie an der Lokomotive, so sind auch hier an jedem Wagenende zwei eingekapselte Ringfederpuffer angeordnet, als Schutz beim Anlaufen anderer Fahrzeuge. In Übereinstimmung mit der Lokomotive tragen die Endwagen eine selbsttätige Scharfenberg-Kupplung.*

**Der Wagenkasten**

*Die Untergestelle und Wagenkästen sind zur Gewichtsersparnis und aus Gründen der Betriebssicherheit ganz in Stahl hergestellt und geschweißt. Die äußere Seitenwandbekleidung aus 1,5 mm starkem Blech (St 52) ist unterhalb der Fensterbrüstung durch besondere Profileisen versteift, so daß die Blechwand trotz ihrer geringen Wandstärke während der Fahrt nicht flattern kann. Die zur Verringerung des Luftwiderstandes unten am Wagenkasten angebrachte Schürze wird dadurch zum Tragen mit herangezogen, daß sie mit dem Langträger und den Seitenwandsäulen fest verbunden ist. Der Dachrahmen ist aus einem Manstädt-U-Profil und einem muldenförmig gebogenen Dachblech gebildet, das sowohl die Seitenwand wie die Dachform versteift. Der Querversteifung dienen die Abteilzwischenwände, die aus einem Stahlprofilgerippe bestehen, das mit den äußeren Seitenwandsäulen, den Dachspriegeln und den Querträgern verschweißt ist.*

*Um den Schwerpunkt möglichst niedrig zu halten, wurde der Fußboden auf nur 1090 mm über SO gelegt, gegenüber 1240 mm bei den D-Zug-Wagen. Das konnte dadurch erreicht werden, daß auf eine durch-*

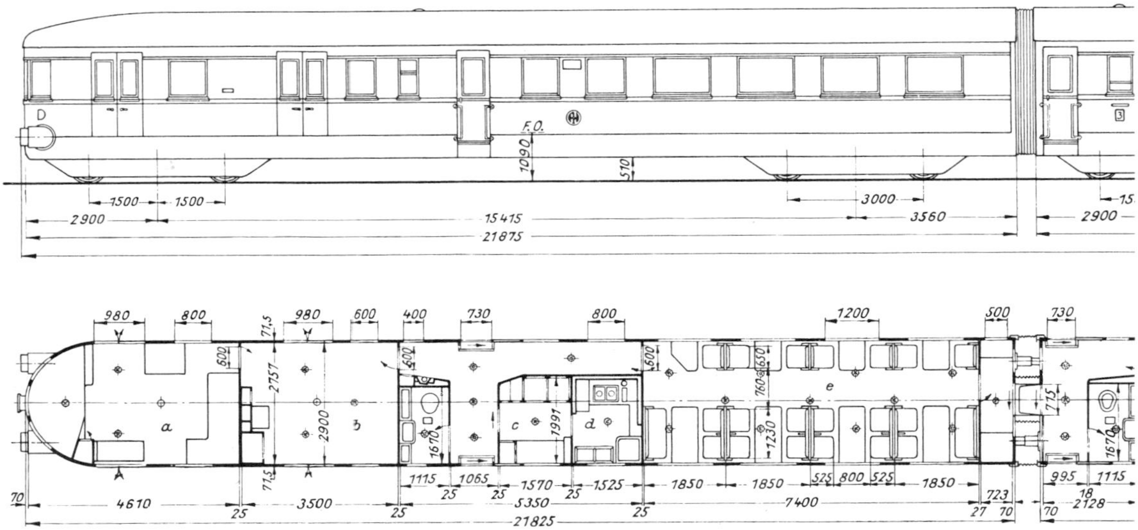

Wagen 10401 mit Gepäck- und Postabteil, Küche und 23 Plätzen. Ein Irrtum ist dem Zeichner beim Eintragen der Abstände zwischen Drehzapfen und Kastenende unterlaufen: Die richtigen Werte finden sich auf Seite 130.

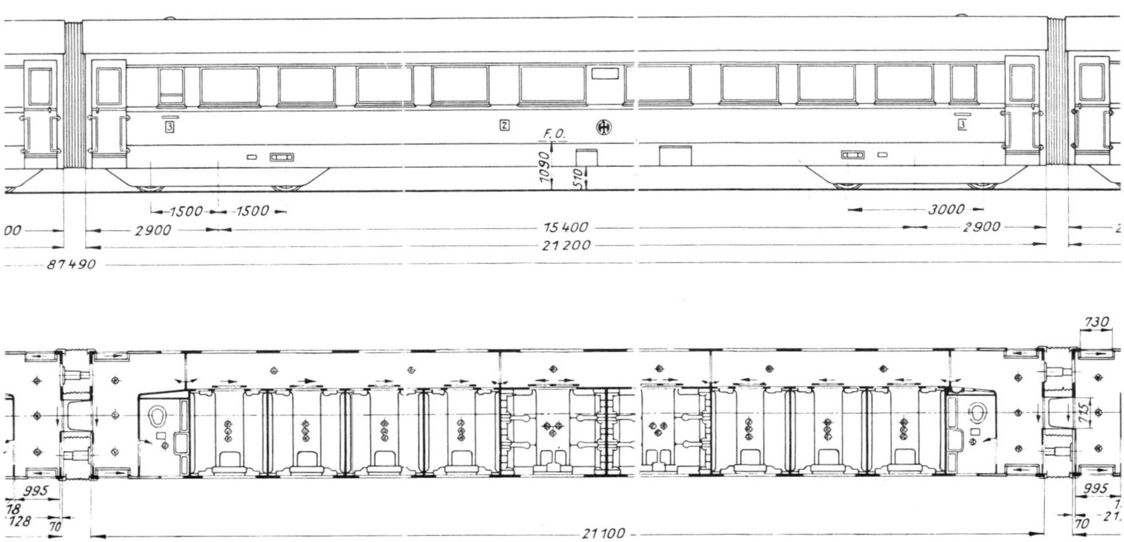

Der Mittelwagen 10403 mit seinen 12 Plätzen 2. Klasse und 56 Plätzen 3. Klasse stimmte genau mit dem Wagen 10402 überein.

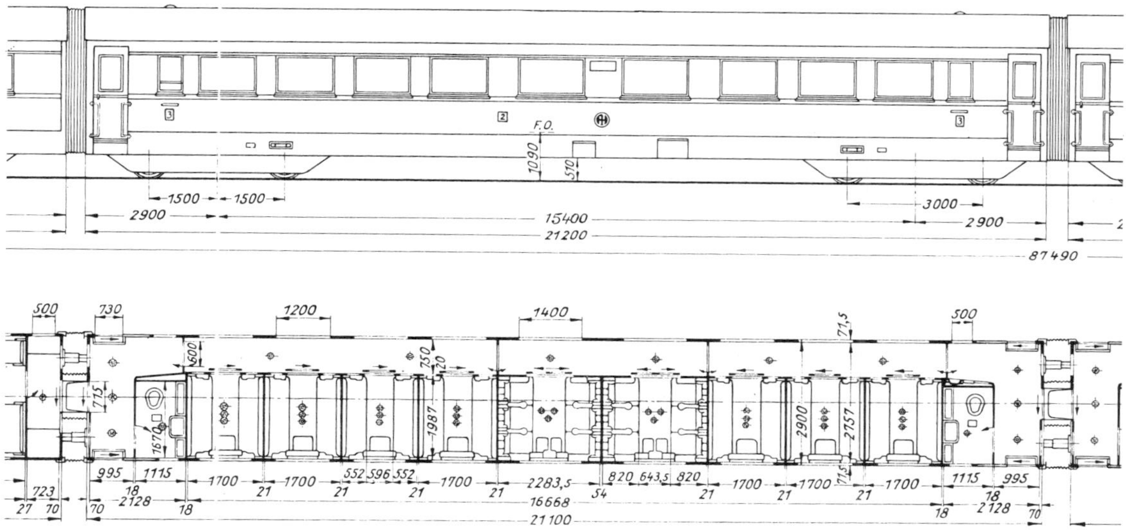


Mittelwagen 10402 für den Henschel-Wegmann-Zug. Deutlich sind die unterschiedlichen Fenster- und Abteilgrößen der beiden Wagenklassen auszumachen.

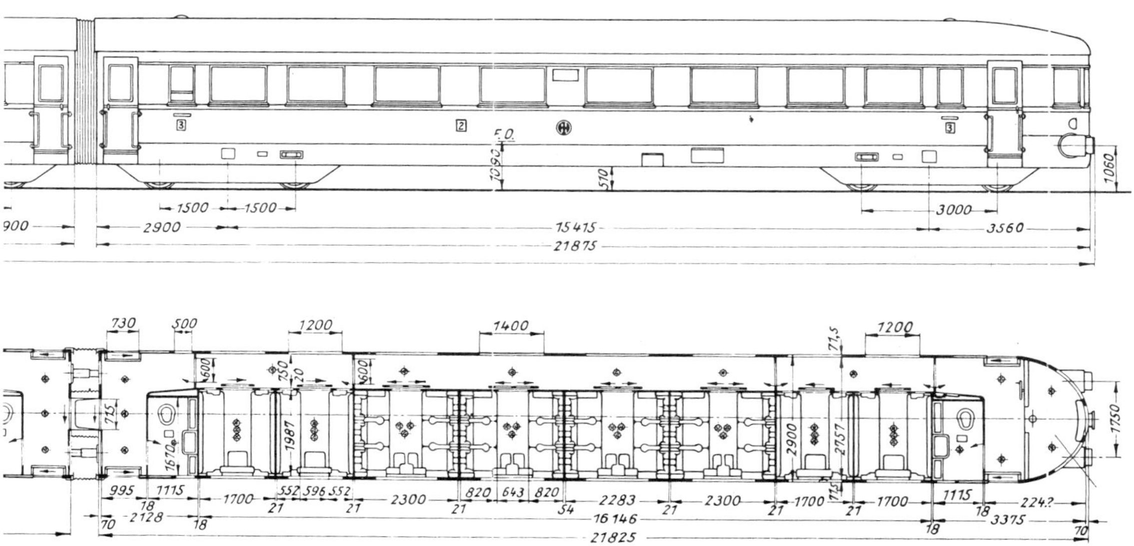


Endwagen 10404 mit 24 Plätzen 2. Klasse und 32 Plätzen 3. Klasse, dazu im Vorraum (Aussichtsabteil) 4 lose Stühle.

(Alle Zeichnungen: Sammlung Bündgen)

6 597 35

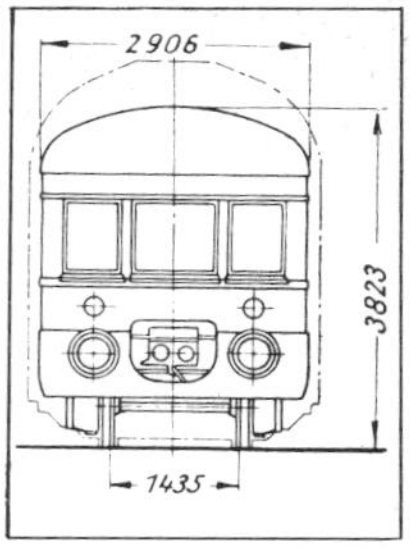


Oben: Stirnansicht des Henschel-Wegmann-Zuges.

Links: Das geschweißte Wagenkastengerippe des Endwagens mit Speiseraum, Küche und Dienstabteilen. (Werkfoto)

*gehende Zugstange verzichtet und der Raddurchmesser auf 900 mm eingeschränkt wurde. Die Einsteigetüren sind als Schiebetüren ausgebildet. Es sind zwei Trittstufen vorhanden. Die obere Trittstufe ist fest und wird nach außen von der geschlossenen Schiebetür abgedeckt. In der Höhe des Fußbodens ist an der Schiebetür eine Abdeckplatte angebracht, die bei geschlossener Tür die Fußtrittöffnung im Wageninnern abdeckt. Der untere Fußtritt kann hochgeklappt werden. In der hochgeklappten Lage paßt sich seine Unterseite der Wagenform an. Alle unteren Fußtritte des Zuges werden an niedrigen Bahnsteigen gleichzeitig durch den Lokomotivführer oder vom Zugführer-(Gepäck-)raum aus vermittels elektrisch gesteuerter Ventile herumgeklappt, die Druckluft aus der Hochdruckleitung in Hubzylinder einströmen lassen, deren Kolben die Fußtritte bewegen. Die Stellung der Trittstufen wird auf dem Führerstand der Lokomotiven und im Gepäckraum durch Kontrollampen angezeigt.*

Links: Blick in den Dienstraum des einen Endwagens mit Schalttafel und Merklampen, dahinter das Postabteil.
(Werkfoto/Sammlung Bündgen)

### Der Gepäck-, Post- und Speisewagen

*In dem am Ende dieses Wagens angeordneten Packraum ist ein Schreibpult für den Zugführer eingebaut, über dem sich die Merklampen für die einzelnen elektrischen Einrichtungen und die Hauptschalttafel sowie ein Druckmesser für die Hauptluftleitung befinden. An diesen Raum schließt sich ein Postraum an. Beide Räume sind durch Doppelflügeltüren in den Langseiten zugänglich.*

*Daran schließt sich eine Küche mit Anrichte und der Speiseraum mit 23 Sitzplätzen. Das Bild gibt eine Ansicht des Speiseraumes und läßt seine behagliche Ausstattung erkennen.*

Links: Bräunlich gemusteter Plüsch bestimmte das Bild des Abteils 3. Klasse mit seinen acht Plätzen.

Mitte: In der 2. Klasse, so schrieb die Presse damals, wurde Komfort „wie in der Ersten" geboten. Hier herrschte ein blauer Ton vor.

Bremsscheiben unmittelbar auf den Radkörpern wurden nur in seltenen Fällen angewandt. (Alle Werkfotos: Sammlung Bündgen)

**Die Abteile der Personenwagen**

*Die Abmessungen der Abteile, des Seitenganges und der Aborte entsprechen ebenso wie die besonders bequem gehaltene Innenausstattung der Anordnung bei dem neuesten D-Zug-Wagen. Die 2300 mm (in der Längsrichtung des Wagens gemessen) breiten Abteile 2. Klasse sind nach dem Seitengang mit großen Doppelschiebetüren abgeschlossen. Die 1700 mm breiten Abteile 3. Klasse haben einfache Schiebetüren.*

*In der 2. Klasse sind die Türen und über der Brüstung liegenden Wandteile mit Mahagoni-Drapé fourniert und die bequemen Sitzpolster wie der unter der Brüstung liegende Teil der Wände mit blau gemustertem Plüsch bespannt. Das Bild gibt die entsprechende Ausstattung gut wieder. Für die 3. Klasse ist Eichenholzfurnier gewählt. Die Bänke und Rücklehnen sind ebenfalls, aber einfacher gepolstert.*

*Die Fenster sind herablaßbar und mit obenliegendem Federausgleich versehen. Sie sind in der 2. Klasse 1400 mm, in der 3. Klasse 1200 mm breit. Die Fenster der 2. Klasse können auch durch Kurbeln bewegt werden. An den Abteilfenstern sind Klapptische und für den Winter in ihrer Höhe verstellbare Fenstermäntel vorgesehen.*

*Zur Erzielung einer guten Lüftung ist eine mechanische Belüftungsanlage eingebaut. Ein unterhalb des Fußbodens liegender Ventilator saugt frische Außenluft an und drückt sie durch besondere Kanäle in den Zwischenwänden und im Dach zu den einzelnen Abteilen. Die Zufuhr kann durch Schieber geregelt werden, die sich oberhalb der Deckenbeleuchtungskörper befinden. Für die Heizung drückt der obenerwähnte Ventilator der Belüftungsanlage frische Außenluft über einen durch Lokomotivdampf beheizten Lufter-*

*hitzer und durch besondere Kanäle, die über dem Fußboden an den Seitenwänden verlegt sind, in die Abteile. Die Temperatur wird selbsttätig durch einen auf drei Stufen einstellbaren Thermostaten geregelt. Die Ausstattung des Seitenganges entspricht der der Abteile, vor denen er liegt. Er wird zwischen der 2. und 3. Klasse durch Pendeltüren unterteilt.*

*Der Personenwagen besitzt am hinteren Ende einen durch zwei niedrige Zwischenwände vom Einstiegvorraum abgetrennten und erhöhten Aussichtsraum, der mit 4 kleinen Stühlen versehen ist. Große Fenster gewähren einen freien Überblick über die Strecke, wenn der Wagen am Zugschluß läuft.*

**Die elektrische Einrichtung**

*Von den beiden Turbogeneratoren der Lokomotive wird der Strom dem Gepäckwagen zugeführt, von dem aus die Beleuchtung des ganzen Zuges eingeschaltet werden kann. Im Untergestell dieses Wagens sind auch die Batterien für die ganze Beleuchtung des Zuges untergebracht. Die Beleuchtungskörper der Abteile 2. Klasse haben drei Glühlampen zu je 40 Watt, die der 3. Klasse zwei Glühlampen derselben Leistung. Im Seitengang sind 25-Watt-Lampen vorgesehen.*

**Die Drehgestelle**

*Die Drehgestelle sind nach der Bauart „Görlitz 3 leicht“ entwickelt. Die Radsätze haben Hohlachsen und laufen in Rollenlagern.*

**Die Bremse**

*Als Bremse ist eine Scheibenbremse eingebaut. Ein Bremszylinder mit Doppelkolben drückt die Bremsklötze zangenartig an die beiden Seiten der Brems-*

Blick über den Aussichtsraum auf die Strecke und die herannahende Lokomotive 61 001, aufgenommen in Kassel.
(Werkfoto/Sammlung Bündgen)

*scheibe. Der Bremsdruck wird dabei durch besondere Einrichtungen derart geregelt, daß bei besetztem und leerem Wagen die gleiche Abbremsung gesichert ist. Außerdem wurden in die Drehgestelle Magnetschienenbremsen eingebaut, da sich bei dem verhältnismäßig geringen Gewicht der Wagen durch eine Magnetschienenbremse von annehmbarem Gewicht eine nennenswerte Verbesserung der Abbremsung erzielen läßt. Druckluftzylinder bewirken das Heben und Senken der Magnetbremsklötze.*

## Der Anstrich

*Der Anstrich des Zuges ist einheitlich gehalten, das Dach und die Schürze unterhalb der Langträger schwarz gestrichen. Die Seitenwand ist vom Langträger bis zur Fensterbrüstung und oberhalb der Fenster violett gehalten, während die Wände neben den Fenstern einen elfenbeinfarbigen Anstrich aufweisen. Dieser ansprechende Anstrich gibt dem Zuge ein freundliches Äußeres, und es ist zu hoffen, daß dieses neben der geschmackvollen und bequemen Ausstattung für die Benutzung des Zuges werben wird.*

Oben: Anschriftenzeichnung für das „Kopfband" des Henschel-Wegmann-Zuges von 1935. (Skizze: Wegmann)

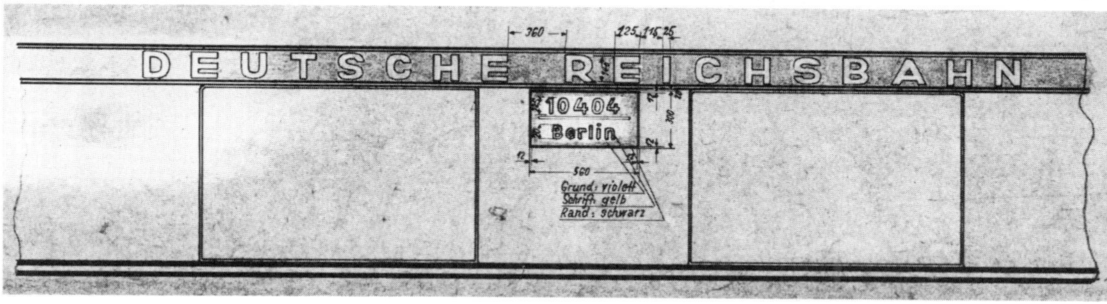


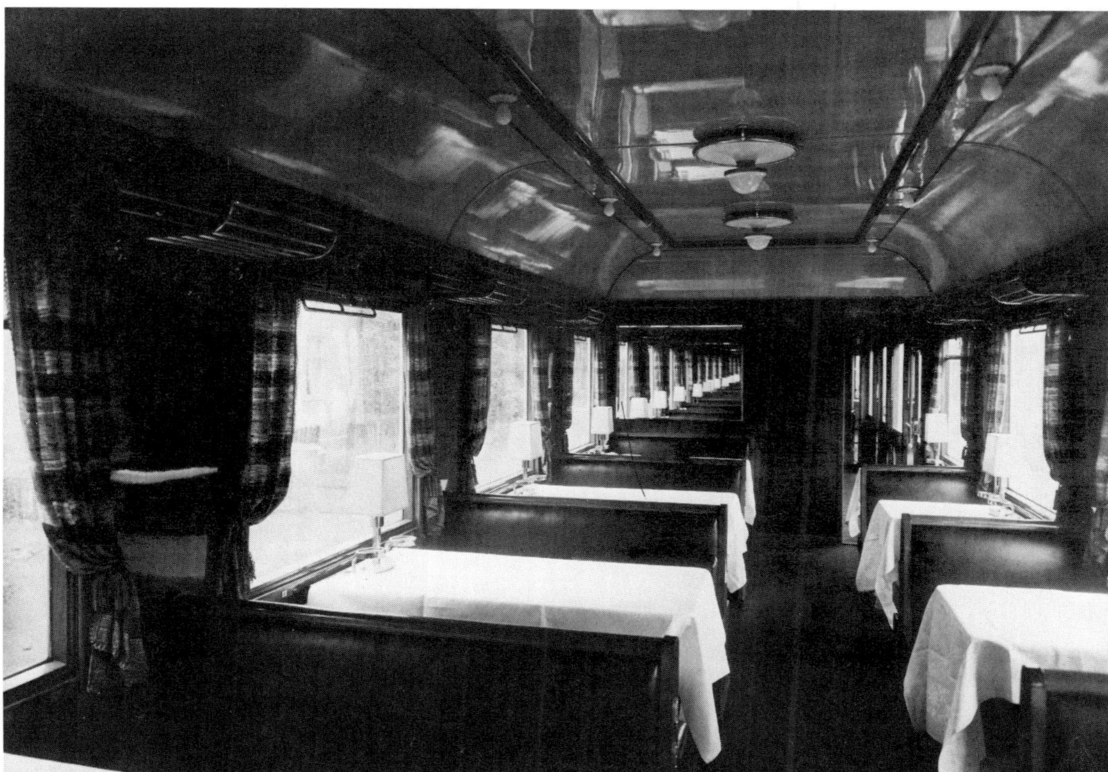

Der Speiseraum besaß Sitze mit rotem Lederbezug. Blick in Richtung zur Küche. (Werkfoto/Sammlung Bündgen)

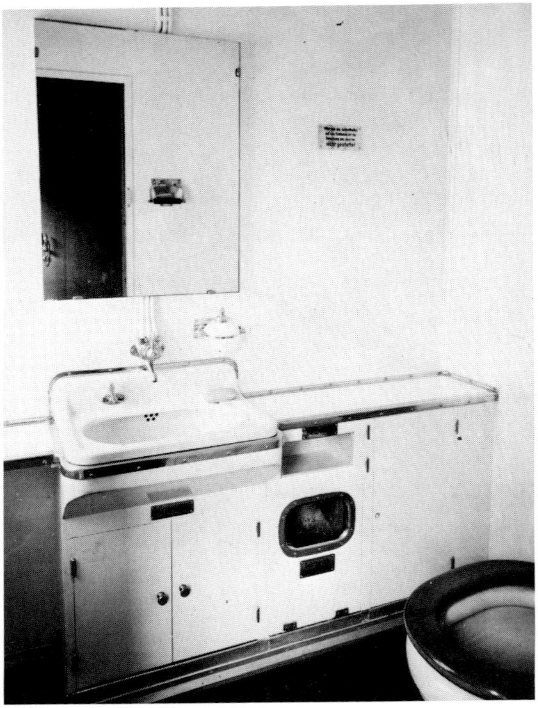

Links: Toilette im Henschel-Wegmann-Zug. (Werkfoto)

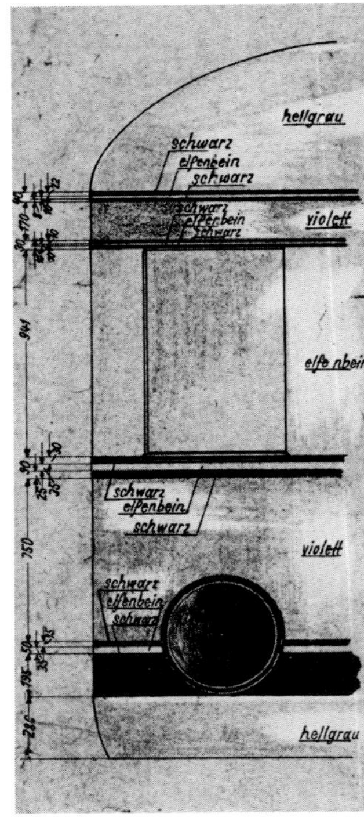


Rechts: Anstrichplan für den Zug von 1935. Statt Hellgrau kam auch Aluminium-Silber zur Anwendung.

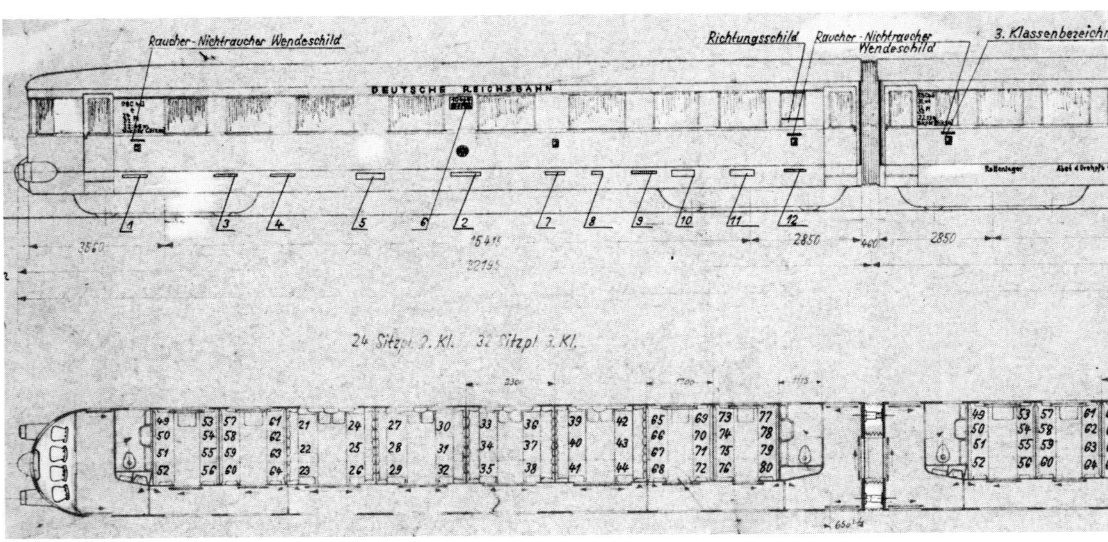


Unten: Anschriften und Platznummern im Wegmann-Zug.

Anschriften und Platznummern für die beiden – identischen – Mittelwagen und den Endwagen mit Küche. (Alle Skizzen: Wegmann)

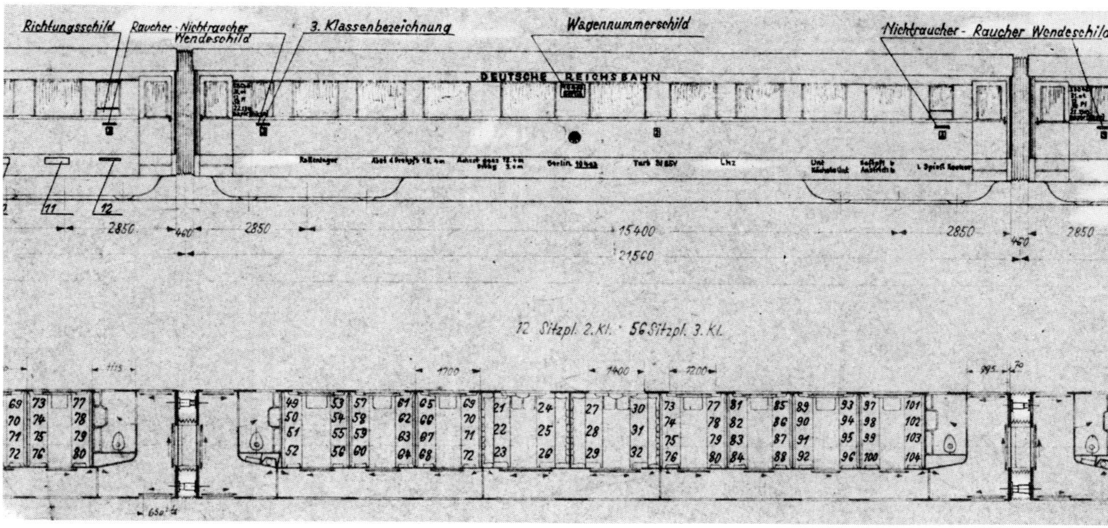


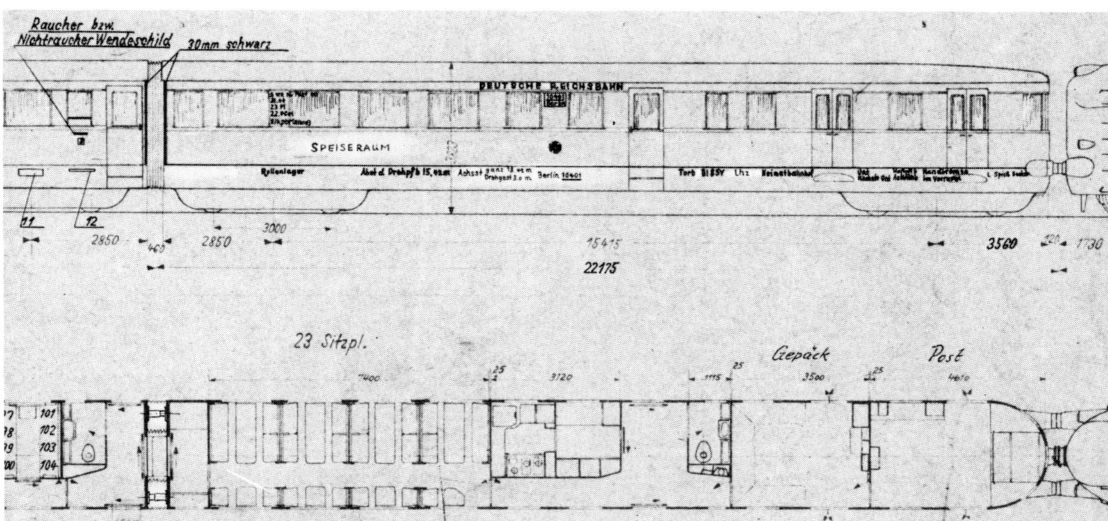

# Kapitel 4: Ausstellungen, Propaganda und Versuche

## Die Ablieferung des Zuges an die Reichsbahn

Am 31. Mai 1935 wurden die Lokomotive 61 001 und ihr Zug an die Reichsbahn abgeliefert.Dazu erschien von der Versuchsabteilung für Lokomotiven in Berlin-Grunewald ein Trupp von Männern unter der Leitung von Reichsbahnrat Paul Roth, um die Garnitur unter ihre Fittiche zu nehmen und um sie über Magdeburg nach Berlin zu überführen. Aus Gründen der Vorsicht, denn oft gehen die Teile einer neuen Dampflokomotive noch etwas „stramm", ließ Roth schon bald die Stromlinienverkleidung über den Gleitbahnen der Kreuzköpfe abnehmen, um hier auf jeden Fall ausreichende Kühlung sicherzustellen – eine Maßnahme, die der mitreisende Direktor Hans von Gontard aus dem Hause Henschel durchaus ungern sah. Bei der Überführung dieses Sonderzuges sind, so berichtet Heise, vorübergehend bereits 143 km/h erzielt worden. Soweit heute bekannt, mußte unterwegs auch angehalten werden, um erhöhte Temperaturen wieder absinken zu lassen.

Die nächsten Wochen verbrachten die Fahrzeuge aus Kassel wohl bei den für sie zuständigen Versuchsabteilungen des Reichsbahn-Ausbesserungswerkes Grunewald, doch diente diese Zeit erst einmal dem „Einfahren" und auch der Besichtigung durch zahlreiche Fachleute, noch nicht den systematischen Meßfahrten. Eine Aufnahme von den ersten Gehversuchen vor dem Meßwagen, allerdings noch ohne eine angehängte Bremslokomotive, vor der Fahrt über die für mittleres Tempo ausreichende Strecke von Potsdam nach Magdeburg ist in der „Geschichte der deutschen Einheits-Lokomotiven", Seite 106, abgedruckt. Vor diesem Zug mit 150 t Gesamtgewicht sind, wiederum nach Angaben Heises, schon im Juni 176 km/h „mühelos"erreicht worden.

Wie bei Probeausführungen neuer Lokgattungen nicht selten, gaben die ersten Läufe doch Anlaß zu einigen Änderungswünschen, deren Erfüllung noch in die Zuständigkeit des Herstellerwerkes fiel. So kehrte

Links: Auf der Überführungsfahrt nach Berlin wurde ein Zwischenhalt eingelegt, um das Triebwerk abkühlen zu lassen.
(Foto: von Kirchbach)

Rechts: Zwischenhalt und Wassernehmen in Magdeburg bei der Fahrt nach Grunewald. Rechts eine Elektrolok der Reihe E 05.
(Foto: Kreutzer)

die 61 001 vom 21. Juni bis 12. Juli 1935 wieder zu Henschel zurück.
Besonders augenfällig unter den vorgenommenen Modifikationen war eine Korrektur der Lackierung. Über sie hatte R. P. Wagner im „Organ für die Fortschritte des Eisenbahnwesens", das die Lokomotiven auf der Nürnberger Jahrhundertausstellung vom Sommer 1935 vorstellen sollte, aus den Planungen berichtet.

*Die Lokomotive ist, um die Einheit mit dem Zuge besonders hervorzuheben, in dessen Farben gestrichen, also bis zur Höhe der Führerhausfenster und der Wasserkastenoberkante in dem bläulichroten Ton der Rheingoldwagen, darüber in Elfenbeinfarbe, nur die Decke der Verkleidung und des Führerhauses ist mit Rücksicht auf den Rauchniederschlag schwarz gehalten.*

Zu der hier erwähnten schwarzen Farbgebung der Oberseite war es indes ebensowenig gekommen wie zum violetten Anstrich bis auf die Höhe der Fenster. Aber dem aufmerksamen Beobachter unserer Fotografien wird auch nicht entgangen sein, daß der bis jetzt gezeigte erste Anstrich vom 29. Mai 1935 noch nicht der endgültigen Ausführung entsprach. Das schmale, obere violette Band war von der Seite eigentlich nur am Führerhaus zu erkennen, während diese Farbe auf den Wasserkästen und dem Umlauf nur von einem erhöhten Standpunkt her wahrgenommen werden konnte. Vorn und hinten stießen gar die elfenbeinerne „Bauchbinde" und das Silber der Kessel- oder Kohlenkastenbedeckung ein wenig kontrastarm aufeinander.
Diese Anstrichfragen stellten sich in dem Augenblick besonders deutlich, als die Maschine und der Zug von Wegmann erstmals zusammengekuppelt wurden, denn das starke „Stirnband" der Waggons fand in der Lokomotive keine rechte Entsprechung. Man dachte nun zunächst daran, diesen violetten Streifen an der Lok etwas tiefer, nämlich auf den schrägen oberen Bereich des Wasserkastens, zu legen, hätte damit freilich die Harmonie zwischen Formgebung und Farbgebung empfindlich gestört. So entschloß man sich, eine durch die Kesselverkleidung und die oberen Einstiegluken zum Triebwerk bereits angedeutete Linie aufzunehmen und das violette Band so zu verbreitern, daß es nach allen Seiten deutlich sichtbar wurde. Im Zusammenhang damit mußte auch das hintere Nummernschild höher angeschraubt werden. In dieser

Zwei Aufnahmen von den ersten Probefahrten nach Magdeburg: Jeweils auf Hin- und Rückfahrt wurde in Belzig ein Halt eingelegt. Juni 1935.

Form ist die Lackierung bei Henschel am 28. Juni 1935 neu aufgetragen worden; alle Fotografien mit dem schmalen Streifen lassen sich also auf diesen Zeitraum von vier bis fünf Wochen datieren.
Unabhängig von diesen Vorgängen um die Stromlinien-Tenderlokomotive hatten die Erhebungen der Versuchsabteilungen für Wagen und für Bremsen mit dem Wegmann-Zug ihren Anfang genommen, denn dort hatte man, um die eigenen Versuchsprogramme ungestört von den Wünschen der Lokmänner unternehmen zu können, schon für eine separate Lokomotive gesorgt.
Um den Zug auf eine angemessen hohe Geschwindigkeit bringen zu können, ließen nämlich die verantwortlichen Ingenieure, wie Werner Rupp später berichtet hat, im Ausbesserungswerk Stargard die Lokomotive 17 1202 durch Ausbohren der Gegengewichte in den Treibradsätzen so „hintrimmen", daß sie den Wagenzug ohne große Anstrengungen bis 150 km/h ziehen konnte. Über eine der im Zug vorhandenen Notkupplungen wurde die Verbindung hergestellt. Diese preußische Schnellzuglok der Gattung S10[1], die sodann auch bei anderen Gelegenheiten mit ihrer hohen Geschwindigkeit aushalf, hat mit dem Salonwagenzug einmal sogar 157 km/h erreicht. Wir erinnern daran, daß diese Gattung bereits zu Beginn der dreißiger Jahre umfangreichen Schnellfahrversuchen unterzogen worden war, bei denen sich die unermüdliche Dampflieferung des Kessels, zugleich aber auch die Grenzen ihres Lauf- und Triebwerkes hatten ermitteln lassen. Verwandtschaft zwischen der S 10[1] und der 61 001 besteht ja auch insofern, als beide Entwürfe die Handschrift von Georg Heise bei Henschel tragen.

Ein erster Schnappschuß von Probefahrten mit der umlackierten Lok 61 001, nun mit breitem violettem Band oberhalb der Wasserkästen.
(Foto: Henschel)

Auf dem Weg nach Nürnberg: Zwischenhalt auf Bahnhof Würzburg. (Foto: Henschel)

Vor den Güterhallen an der Allersberger Straße, in denen die Jubiläumsausstellung vom Sommer 1935 stattfand. (Foto: Verkehrsmuseum Nürnberg)

Der Henschel-Wegmann-Zug und die Lok 61 001 hatten einen Platz am Rande der Halle. (Foto: Kreutzer)

# Der Henschel-Wegmann-Zug auf der Nürnberger Jubiläumsschau 1935

Zu mehr als einem ersten Kennenlernen des Henschel-Wegmann-Zuges reichte demnach die Zeit in Berlin nicht aus, denn vom 14. Juli bis zum 13. Oktober 1935 hatte das Gespann einen der Hauptanziehungspunkte auf der großen Ausstellung „100 Jahre deutsche Eisenbahnen" in Nürnberg zu bilden.
Über das Gefühl der Zeitgenossen gegenüber der Stromlinienform an der Lokomotive 61 001 hat auch ein „Außenseiter", der Reichsbahnoberrat Baisch aus Würzburg, in der Zeitung des Vereins Mitteleuropäischer Eisenbahnverwaltungen gesprochen. Seine im überschwenglichen Stil der Zeit gehaltenen Ausführungen tragen den Titel: „Die Fahrzeuge der Deutschen Reichsbahn auf der Jahrhundertausstellung, gesehen vom Architekten", und neben Lobendem über die Formgebung der Reihen 01, 44, 64 und 86 läßt er auch Unmut über die Gestalt der Reihen 05, 24 und 71 verlauten. Fast bewundernd äußert er sich über die Erscheinung der Baureihe 61.

*Mit Henschels Stromlinientenderlokomotive standen wir vor dem grundlegend Neuen. Die Schwierigkeit der Gestaltungsaufgabe, den Bedingungen des geringsten Luftwiderstandes (nach beiden Richtungen!) mit einer Gesamtverkleidung dieser Hochleistungsmaschine samt den Wasser- und Kohlenkästen zu genügen, ist leicht zu ermessen. Wie sie gelöst wurde, ist schlechterdings eine Leistung! Denn es ist nicht eine formlose, sondern eine sehr durchgeformte Masse daraus geworden. Von den ansteigenden Körpern der Wasserkästen löst sich der Kessel schlank, frei und beherrschend; der Bug zerteilt überzeugend die anprallende Luftflut. Der Führerstand ist straff, aber ohne Härte ins Ganze gepaßt. Von besonderer Feinfühligkeit zeugt die Linie der Schürzenunterkante, die nicht glatt verläuft, sondern unterschiedlich, doch sehr bemessen, vom Laufwerk gerade soviel erkennen läßt, daß dies*

Blick aus dem Aussichtsabteil auf den „Adler-Zug", der während der Ausstellung dort seine Kreise zog.

*riesige Gebilde auch in der Ruhe besagt: es ist für die Bewegung, für das Hineilen gemacht. Und so wirkt die ganze Erscheinung nicht ungefüg und schwer, sondern immer noch schlank und leicht. Die Meisterung der Aufgabe erweist sich selbst noch im schmückenden Anstrich, der sowohl schont, wie unterstreicht. Diese Aussage ist nur scheinbar paradox, denn man kann durch Unterstreichen von Einzelnem dem Ganzen schaden. Man müßte wünschen, daß dieser Anstrich nicht nur für die Ausstellung gemacht war; denn was er vor allem erfüllt, das ist die Straffung der Form.*

Uns Heutigen müssen solche Worte, die einer Haltung im Sinne von Goebbels' „stählerner Romantik" entsprangen, unverständlich sein.

Nach diesem ersten propagandistischen Auftritt in den Güterhallen an der Allersberger Straße blieben wiederum nur wenige Wochen, um die Fahrzeuge weiterhin zu untersuchen und sie hierauf zu gewissen Nachbesserungen kurz nach Kassel zurückzuführen. Zugleich wurden sie dort ein weiteres Mal auf Hochglanz gebracht, denn für Anfang Dezember 1935 war ja die bekannte Fahrzeugparade auf dem Gelände des Nürnberger Rangierbahnhofes vorgesehen.

So wurde die Garnitur über Bebra, Gemünden und Würzburg in die fränkische Hauptstadt gefahren, wo sie am 29. November 1935 eintraf. Von der Generalprobe am 6. Dezember und der Vorführung am 8. Dezember 1935, welche auch eine in Wochenschau und Presse gezeigte Besichtigung des Führerstandes der 61001 durch Adolf Hitler einschloß, wurde in dem Heft „Deutsche Reichsbahn 1935" eingehend berichtet.

Die Betreuung der Maschine erfolgte hier durch die

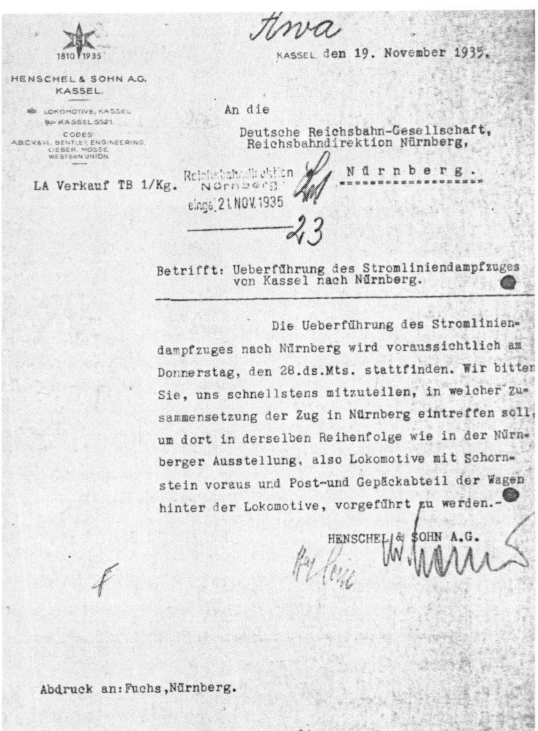

Anva

1810 1935

HENSCHEL & SOHN A.G.
KASSEL.

LOKOMOTIVE, KASSEL
KASSEL 3521
CODES:
A.B.C. 5 & 6. BENTLEY, ENGINEERING, LIEBER, MOSSE, WESTERN UNION.

KASSEL, den 19. November 1935.

An die

Deutsche Reichsbahn-Gesellschaft,
Reichsbahndirektion Nürnberg,

Nürnberg.

LA Verkauf TB 1/Kg.

Reichsbahndirektion Nürnberg eingeg. 21. NOV. 1935 — 23

Betrifft: Ueberführung des Stromliniendampfzuges von Kassel nach Nürnberg.

Die Ueberführung des Stromliniendampfzuges nach Nürnberg wird voraussichtlich am Donnerstag, den 28.ds.Mts. stattfinden. Wir bitten Sie, uns schnellstens mitzuteilen, in welcher Zusammensetzung der Zug in Nürnberg eintreffen soll, um dort in derselben Reihenfolge wie in der Nürnberger Ausstellung, also Lokomotive mit Schornstein voraus und Post-und Gepäckabteil der Wagen hinter der Lokomotive, vorgeführt zu werden.-

HENSCHEL & SOHN A.G.

Abdruck an: Fuchs, Nürnberg.

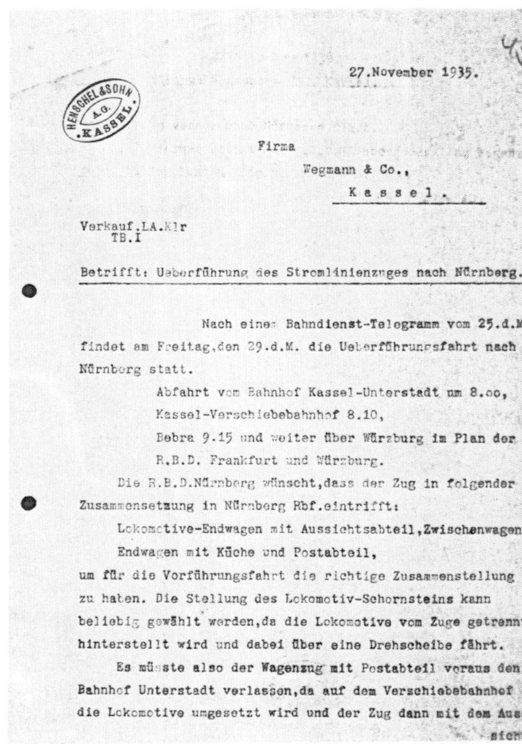

49

27.November 1935.

HENSCHEL & SOHN A.G. KASSEL.

Firma

Wegmann & Co.,

Kassel.

Verkauf.LA.Klr
TB.I

Betrifft: Ueberführung des Stromlinienzuges nach Nürnberg.

Nach einem Bahndienst-Telegramm vom 25.d.M. findet am Freitag, den 29.d.M. die Ueberführungsfahrt nach Nürnberg statt.

Abfahrt vom Bahnhof Kassel-Unterstadt um 8.oo,
Kassel-Verschiebebahnhof 8.10,
Bebra 9.15 und weiter über Würzburg im Plan der R.B.D. Frankfurt und Würzburg.

Die R.B.D.Nürnberg wünscht, dass der Zug in folgender Zusammensetzung in Nürnberg Rbf.eintrifft:

Lokomotive-Endwagen mit Aussichtsabteil, Zwischenwagen,
Endwagen mit Küche und Postabteil,

um für die Vorführungsfahrt die richtige Zusammenstellung zu haben. Die Stellung des Lokomotiv-Schornsteins kann beliebig gewählt werden, da die Lokomotive vom Zuge getrennt hinterstellt wird und dabei über eine Drehscheibe fährt.

Es müsste also der Wagenzug mit Postabteil voraus den Bahnhof Unterstadt verlassen, da auf dem Verschiebebahnhof die Lokomotive umgesetzt wird und der Zug dann mit dem Aussicht

Grunewalder Versuchs-Lokführer Ramin und Schröder, während Wagenmeister Köhler vom Betriebswagenwerk Grunewald für die Begleitung des Dampfschnellzuges sorgte. Mit dieser Crew, geleitet von Reichsbahnbaumeister Brüggemann aus der Versuchsabteilung, machte man sich am 10. Dezember auch um 8.27 Uhr auf den Rückweg nach Berlin.

## Demonstrationsfahrten mit dem Stromlinienzug

Jetzt war es an der Zeit, Lokomotive und Zug durch Fachveröffentlichungen den Kollegen vorzustellen. Friedrich Fuchs ergriff die Gelegenheit, über den neuen Dampfschnellzug, dessen endgültiges Konzept weitgehend in seiner Amtsstube entstanden war, im amtlichen Organ „Die Reichsbahn" (1936, Seite 70) zu berichten. Wir wollen hier, nachdem oben bereits die Schilderung des Wagenzuges aus seiner Feder wiedergegeben wurde, nur einige Gedanken aus seinem Schlußwort zitieren, das für ihn zugleich ein Wort des Abschiedes in den Ruhestand war.

*Wenn auch bisher erst einige wenige Fahrten mit der Lokomotive ausgeführt werden konnten, so hat sich doch schon gezeigt, daß sie den Erwartungen entspricht. Ihr Lauf ist auch bei der höchsten Fahrgeschwindigkeit noch hinreichend ruhig. Ein sich anfänglich im ersten Wagen bemerkbar machendes geringes Zucken konnte durch Einschalten einer weichen Federbatterie in den Zugapparat völlig beseitigt werden. Die Lokomotive vermag den Zug in etwa 6 Minuten auf die fahrplanmäßige Höchstgeschwindigkeit von 160 km/h zu beschleunigen.*

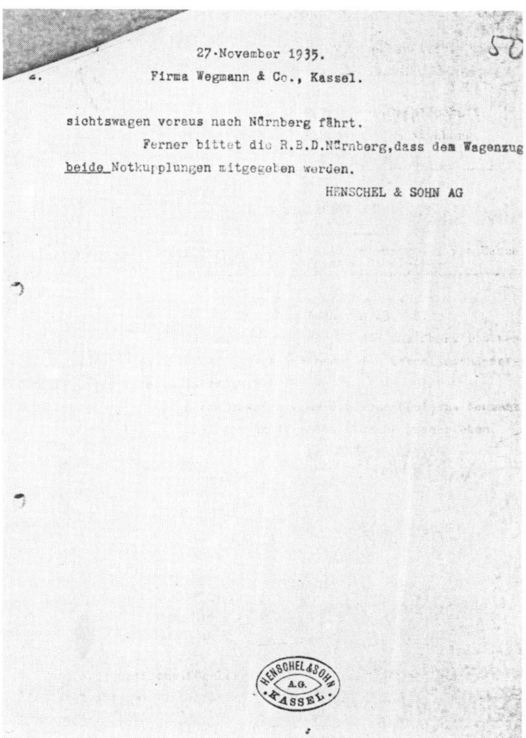

4. 27·November 1935.
Firma Wegmann & Co., Kassel.

sichtswagen voraus nach Nürnberg fährt.
Ferner bittet die R.B.D.Nürnberg,dass dem Wagenzug beide Notkupplungen mitgegeben werden.
HENSCHEL & SOHN AG

HENSCHEL & SOHN A.G. KASSEL

Briefwechsel Heises anläßlich der Teilnahme des Henschel-Wegmann-Zuges an der Parade vom Dezember 1935. Oben der Halt in Würzburg. (Fotos: Henschel)

61 001

Links oben: Bei der Fahrt durch die Kurve von Elm, November 1935.

Links unten: Wassernehmen auf Bahnhof Würzburg vor der Weiterfahrt nach Nürnberg. (Fotos: Kreutzer)

Rechts: Aufgestellt am Nürnberger Rangierbahnhof zur Besichtigung durch Hitler: Lokomotive 61 001.

*Die Deutsche Reichsbahn hat in dem Henschel-Wegmann-Dampfschnellzug ein Beförderungsmittel geschaffen, das die schwer vereinbaren Forderungen raschester Beförderung, höchster Bequemlichkeit in der Ausstattung und größter Annehmlichkeit der Fahrt zu erfüllen verspricht, dabei aber auch den betrieblichen Belangen in der Wirtschaftlichkeit und Anpassungsfähigkeit an den Verkehr weitgehend gerecht wird. Möchte daher auch dieser Zug recht bald die Gunst des reisenden Publikums gewinnen und damit zur Belebung des Verkehrs auf der Schiene beitragen.*

Für den Kenner der Verhältnisse in der Reichsbahnspitze entbehrt es nicht der Pikanterie zu erfahren, daß Bauartdezernent Wagner die Baureihe 05 im „Organ für die Fortschritte des Eisenbahnwesens" vorgestellt hatte. Das war seine richtige Schnellfahrlokomotive, nicht die von der Hauptverwaltung gewünschte Tenderlok, deren Beschreibung in „Glasers Annalen" er denn auch gern Altmeister Georg Heise überließ.
Anfang 1936 konnten, allerdings weiterhin durch Vorstellungs- und Repräsentationsfahrten unterbrochen, die systematischen Leistungsversuche beginnen, auf deren Grundlage später die Schlepplastentafeln und Fahrzeittabellen aufgestellt werden sollten. Die Lokomotive 61 001 war ja, wie bei Prototypen häufig, noch immer nicht bahnamtlich abgenommen. Nachdem sich jedoch im Rahmen der bisherigen Läufe allmählich die Überzeugung herausbildete, daß alle Bauteile bedingungs- und zeichnungsgemäß hergestellt waren und somit Bedenken gegen ihren fahrplanmäßigen Einsatz nicht bestanden, konnte die Abnahmefahrt anberaumt werden. Sie erfolgte im Rahmen der Proben zu einer großen Pressevorführung am 24. und 25. Februar 1936, mit welcher die Reichsbahn ihre neuen Schnellverkehrsfahrzeuge – zur Vorbereitung des Plandienstes ab Sommer 1936 – den Reportern der deutschen und der ausländischen Blätter vorstellen wollte. Die hier wiedergegebene Bescheinigung über die Abnahmeprüfung ist vom Leiter der Versuchsabteilung für Lokomotiven in Grunewald, Reichsbahnrat Werner Weber, selbst unterzeichnet.
Die erste Pressefahrt fand am 25. Februar 1936 statt. Vom Lehrter Bahnhof in Berlin, wo Reichsbahndirektor Fuchs zuvor einen Vortrag über die Technik der Maschinen gehalten hatte, ging es um 10.06 Uhr vormittags los. Ein Bild vom Lehrter Bahnhof zeigt auch „Eisenbahn-Brennpunkt Berlin", Seite 100. In Nauen, so stand anderntags in den Zeitungen zu lesen, waren schon 120 km/h erreicht, und bis Wittenberge fuhr man mit 160 km/h Geschwindigkeit weiter.
Nach kurzem Halt, der auch zum Austausch der auf dem Führerstand mitfahrenden Journalisten diente,

Bei der Abfahrt vom Lehrter Bahnhof in Berlin, 25. Februar 1936.

Links: Bei der Ankunft in Hamburg am gleichen Tage.

Rechts: Bescheinigung über die Abnahmeprüfung vom 1. April 1936.

raste man, nun sogar 175 km/h erreichend, fort nach Hamburg Hbf, wo der Zug nach 2 Stunden 32 Minuten Gesamtfahrzeit zum Stehen kommt. Die über 280 km lange Strecke ist also mit einer Reisegeschwindigkeit von fast 113 km/h durchmessen worden.
Nach ausgiebigem Mittagessen, in dessen Verlauf auch Friedrich Fuchs von den Chefs der Reichsbahn für Betrieb und Maschinentechnik, Leibbrand und Bergmann, in den Ruhestand verabschiedet wurde, trat man um 15.37 Uhr hinter der Borsig-Stromlinienlokomotive 05 002 die Rückfahrt nach Berlin an. Zwei Tage später, am 27. Februar 1936, wurde diese Vorführung für etwa 150 ausländische Pressevertreter wiederholt. Berichte, nach denen die Fahrt nach Hamburg von der Reihe 05 und die Fahrt nach Berlin von der Reihe 61 unternommen worden sein sollen, treffen nicht zu.

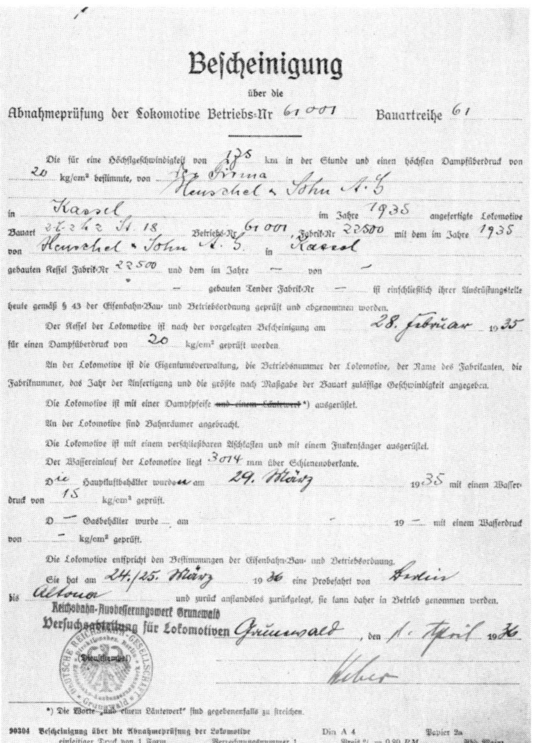
**Bescheinigung**

über die

Abnahmeprüfung der Lokomotive Betriebs-Nr 61 001 Bauartreihe 61

Die für eine Höchstgeschwindigkeit von 175 km in der Stunde und einen höchsten Dampfüberdruck von 20 kg/cm² bestimmte, von der Firma Henschel & Sohn A. G. in Kassel im Jahre 1935 angefertigte Lokomotive Bauart 2C2 h 2 St. 18 Betriebs-Nr 61 001, Fabrik-Nr 22500 mit dem im Jahre 1935 von Henschel & Sohn A. G. in Kassel gebauten Kessel Fabrik-Nr 22500 und dem im Jahre — von — gebauten Tender Fabrik-Nr — ist einschließlich ihrer Ausrüstungsteile heute gemäß § 43 der Eisenbahn-Bau- und Betriebsordnung geprüft und abgenommen worden.

Der Kessel der Lokomotive ist nach der vorgelegten Bescheinigung am 28. Februar 1935 für einen Dampfüberdruck von 20 kg/cm² geprüft worden.

An der Lokomotive ist die Eigentumsverwaltung, die Betriebsnummer der Lokomotive, der Name des Fabrikanten, die Fabriknummer, das Jahr der Anfertigung und die größte nach Maßgabe der Bauart zulässige Geschwindigkeit angegeben.

Die Lokomotive ist mit einer Dampfpfeife ~~und einem Läutewerk~~*) ausgerüstet.

An der Lokomotive sind Bahnräumer angebracht.

Die Lokomotive ist mit einem verschließbaren Aschkasten und mit einem Funkenfänger ausgerüstet.

Der Wassereinlauf der Lokomotive liegt 3014 mm über Schienenoberkante.

Die Hauptluftbehälter wurden am 29. März 1935 mit einem Wasserdruck von 15 kg/cm² geprüft.

D— Gasbehälter wurde — am — 19— mit einem Wasserdruck von — kg/cm² geprüft.

Die Lokomotive entspricht den Bestimmungen der Eisenbahn-Bau- und Betriebsordnung.

Sie hat am 24./25. März 1936 eine Probefahrt von Berlin bis Altona und zurück anstandslos zurückgelegt, sie kann daher in Betrieb genommen werden.

Reichsbahn-Ausbesserungswerk Grunewald
Versuchsabteilung für Lokomotiven Grunewald, den 1. April 1936

(Dienststempel)

Weber

*) Die Worte „und einem Läutewerk" sind gegebenenfalls zu streichen.

90304 Bescheinigung über die Abnahmeprüfung der Lokomotive einseitiger Druck von 1 Form Verrechnungsnummer 1 Din A 4 Preis °/₀ = 0,80 RM Papier 2a Abd Mainz

## Meßfahrten mit der Lokomotive 61 001

Jetzt endlich kamen auch die Grunewalder Versuchsingenieure zu ihrem Recht. Die Stromlinien-Tenderlok 61 001 gelangte dabei vor den Lokomotiv-Meßwagen 2, besetzt mit einer Gruppe unter der Leitung von Reichsbahnrat Karl Koch. Mit dem für höchste Geschwindigkeiten tauglichen Meßwagen 3 war damals überwiegend die Lok 05 002 mit der Gruppe unter Paul Roth auf Tour.
Erste Erprobungen im Bereich mittleren Tempos liefen, wie schon gesagt, auf der Linie über Brandenburg nach Magdeburg; größere Geschwindigkeiten wurden auf der Hamburger Trasse, so auch einmal bis 185 km/h, den höchsten bekannten Wert, ausgefahren. Das Zwillingstriebwerk machte sich hier allerdings durch beträchtliche Zuckbewegungen bemerkbar.
Vom Ablauf und den Ergebnissen der Erprobung hat Professor Hans Nordmann, der Versuchsdezernent des Reichsbahn-Zentralamts Berlin, im „Organ für die Fortschritte des Eisenbahnwesens" anschaulich berichtet.

*Die Fahrten mit dem Meßwagen bedingten die Abtrennung der Lokomotive von ihrem Zuge und das Einhängen einer behelfsmäßigen Zwischenkupplung zwischen der Scharfenberg-Mittelkupplung der Lokomotive und dem Zughaken des Meßwagens. Die Lokomotive 61 001 stand dem Lokomotiv-Versuchsamt nur im März und April 1936 zur Verfügung. Da in dieser Zeit noch auf einige Vorführungsfahrten und Fahrten mit der Zugbeeinflussung Rücksicht genommen werden mußte, ist die leistungstechnische Untersuchung nicht in dem sonstigen Umfange möglich gewesen, sondern blieb auf den Geschwindigkeitsbereich von 80 bis 160 km/h beschränkt.*
*Da die Lokomotive nicht mehr mit einem Dampfmesser wie die 05 002 ausgerüstet werden konnte, hat sich die Meßgruppe der Methode des „fliegenden Startes" bedient. Dabei wird zunächst ohne Messung auf die gewünschte Geschwindigkeit angefahren, der Wasserstand bis zu einer bestimmten Marke gebracht und in diesem Augenblick die Leistungs- und Verbrauchsmessung im Meßwagen eingeschaltet. Bei Beendigung*

*des Meßabschnittes muß dann der Wasserstand die gleiche Höhe haben, um die Meßwerte ohne irgendwelche Abzüge oder Ergänzungen verwenden zu können. Diese Meßmethode hat sich bei der Untersuchung der Lokomotive 61 001 gut bewährt und wird seitdem häufiger angewendet.*

*Der Dampfverbrauch für die Arbeit am Zughaken steigt bei voller Kesselanstrengung (57 kg/m²h) von 7,4 kg/PSeh bei V = 80 km/h über 8,5 kg/PSeh bei 120 km/h auf 12,4 kg/PSeh bei 160 km/h. In letzteren Zahlen kommt bereits die Verminderung des Luftwiderstandes der Lokomotive gegenüber Regelmaschinen zum Ausdruck. Der für den Vergleich mit anderen Lokomotiven bei dampftechnischer Beurteilung maßgebende Dampfverbrauch für die Zylinderarbeit ist in der ersten Abbildung wiedergegeben.*

*Dieser Verbrauch ist bei voller Kesselanstrengung ziemlich wenig von der Geschwindigkeit abhängig gewesen. Er fällt von 6,4 kg/PSih bei 80 km/h auf den Bestwert knapp unter 6 kg/PSih bei 125 km/h – 5,95 kg/PSih –, um bei 160 km/h wieder auf 6,2 kg/PSih anzusteigen. Den näheren Verlauf zeigt die folgende Abbildung, in der auch die Leistungscharakteristik für Zylinder und Zughaken wiedergegeben ist.*

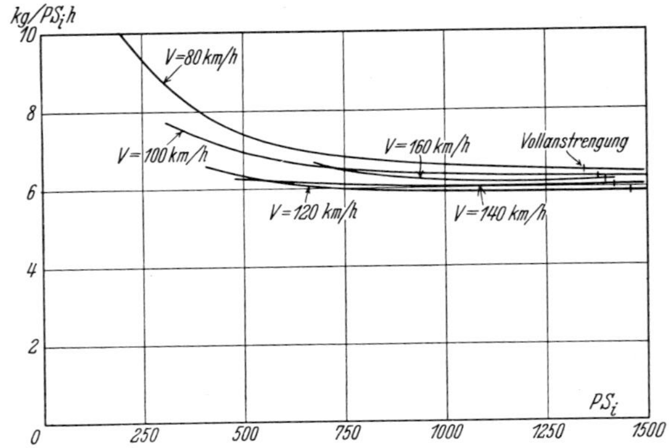


*Wir wollen uns hier nicht mit dem Erfolg der strömungstechnischen Verkleidung – vergleiche darüber „Verkehrstechnische Woche" 1936 – und mit der ohne Mühe und ohne Schäden bei scharfen Anfahrten weit über die 57 kg/m²h gesteigerten Kesselbelastung beschäftigen, sondern uns auf das Verhalten des 20-at-Dampfes beschränken. Es ist insofern aufschlußreicher als bei der 05-Lokomotive, weil hier ein eigentli-*

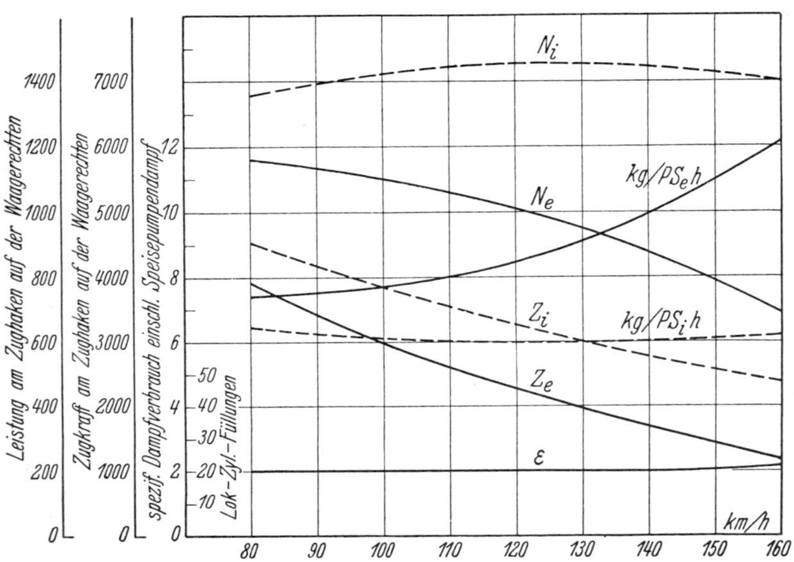


Oben: Der Dampfverbrauch für die Zylinderarbeit, wie ihn Professor Nordmann für die Lok 61 001 vorgelegt hat.

Links: Leistung, Zugkraft und Dampfverbrauch sowie zugehörige Füllungen der Lokomotive 61 001.

*cher Mindestverbrauchswert bei 125 km/h und eine bei dieser Geschwindigkeit liegende Höchstleistung versuchsmäßig festgestellt wurde.*
*Man mag diese günstige Geschwindigkeit gegenüber künftig 160 km/h Höchstgeschwindigkeit für etwas zu tief und die Zylinder also für etwas zu groß halten oder sie zugunsten schnellen Anfahrens angesichts des sehr flachen Verlaufes der Zylinderleistungs- und Verbrauchskurve angemessen finden, es verbleibt jedenfalls mit dem erkennbaren Minimum die Feststellung, daß es vorerst bei dieser mittelgroßen 20-at-Maschine mit ihren bestimmten Zylinderdaten nicht gelungen ist, die 6 kg/PSih fühlbar zu unterschreiten, obgleich ihr der kleine Vorteil der etwas geschützteren Zylinderlage der Stromlinienlokomotive, entsprechend vielleicht 20 PS in Anlehnung an die Lokomotive 03 193, zugute kommt. Die Vergleichbarkeit dieses Wertes wird auch nicht etwa durch abweichende Überhitzung gestört, da auch hier bei voller Kesselleistung (57 kg/m²h) eine Dampftemperatur von 404 °C gemessen wurde.*

An diese Darlegungen von Professor Nordmann sei noch kurz die Anmerkung geknüpft, daß seine zwischen dem 17. März und dem 27. April 1936 gewonnenen Werte von der Lok 61 001, entsprechend umgerechnet auf die wesentlich größere Baureihe 05, erste Erkenntnisse über den spezifischen Mehrverbrauch des Dreizylindertriebwerks gegenüber der Zwillingstype vermittelten; eine Beobachtung, die ebenso an den Varianten der Reihe 84 und an den Schnellzugloks der Reihen $01^{10}$ und $03^{10}$ gemacht werden konnte.
In dieser Zeit zu Beginn des Jahres 1936, in der auch die Vorschau auf den Personenzugfahrplan der Deutschen Reichsbahn zum 15. Mai 1936 bereits eine neue Aufgabe für den Henschel-Wegmann-Zug im öffentlichen Verkehr ankündigte, diente die Salonwagengarnitur außerdem noch als ein kleiner Hofzug für zwei Staatsbesucher, nämlich den ägyptischen König Fuad I. und den afghanischen Exkönig Aman-Ullah. Der geneigte Leser wird sich ausmalen können, welcher Aufwand durch all diese Vorführungen für das Versuchspersonal entstanden ist, waren doch jedesmal alle Meßapparaturen und Leitungen abzubauen und wieder zu montieren.
Aber vor dem nächsten öffentlichen Auftritt konnten

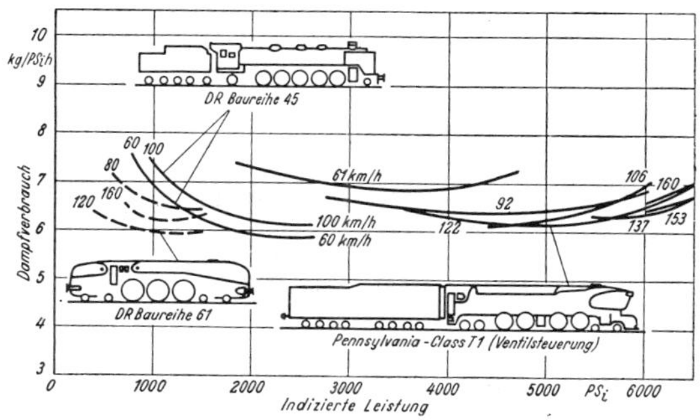


Oben: Indizierte Dampfverbräuche von drei verschiedenen Loktypen im Vergleich.

Unten: Bei Probefahrten war der Andrang zum Führerstand stets groß.
(Foto: Bildarchiv Preuß. Kulturbesitz)

diese Anlagen endgültig abgerüstet werden, denn im Anschluß an die groß angelegte Serie von „Sonderfahrten mit Schnellfahrzeugen" für Gäste aus der Führungsschicht des Staates mußten die Lok 61 001 und der Henschel-Wegmann-Zug schon an den Betrieb abgegeben werden.

Die Veranstaltungen am 9. und am 11. Mai 1936 sollten jeweils nach demselben Fahrplan abgewickelt werden: Von Berlin-Charlottenburg bis Stendal mit dem Henschel-Wegmann-Dampfschnellzug, von dort bis Hannover Hbf mit dem dreiteiligen dieselelektrischen Schnelltriebwagen des Typs „Leipzig", von Hannover bis Bremen mit dem Doble-Dampftriebwagen, weiter nach Hamburg mit der dieselhydraulischen Version des SVT „Leipzig", und endlich die Rückkehr von Hamburg nach dem Lehrter Bahnhof in Berlin hinter der Borsig-Stromlinienlokomotive der Reihe 05.

Reichsbahn-Generaldirektor Dorpmüller war der Gastgeber bei diesen Fahrten, und mit ihm begrüßten die beteiligten Direktionspräsidenten, Hauptverwaltungs-Referenten und Zentralamts-Dezernenten am ersten Tag die Prominenz von Wehrmacht und Justiz, am zweiten Tag hingegen all diejenigen, die in der braunen Partei Rang und Namen hatten. Es war übrigens im Verlauf dieser Fahrt, also am 11. Mai 1936, daß die Lokomotive 05 002 ihren spektakulären Geschwindigkeitsrekord einfuhr.

Doch wir wollen uns hier nur der Beteiligung unseres Salonwagenzuges erinnern. Seine Rolle bestand in der Bewältigung der 101,3 km langen Strecke von Charlottenburg (ab 8.26 Uhr) über Spandau (durch 8.33 Uhr) Wustermark (durch 8.43 Uhr), Rathenow (durch 8.59 Uhr) und Hämerten (durch 9.09 Uhr), wie gesagt, nach Stendal. Dort Ankunft um 9.19 Uhr, also eine Fahrzeit etwa von 53 Minuten, aus der sich die Reisegeschwindigkeit zu 114,7 km/h errechnet. Aufzeichnungen darüber, ob dieser Plan auch eingehalten worden ist, liegen nicht mehr vor. Zum Übergang auf den nächsten Zug waren immerhin 21 Minuten, also ein gute Reserve, eingeplant, während der Henschel-Wegmann-Zug nach Berlin jeweils leer zurückkehrte.

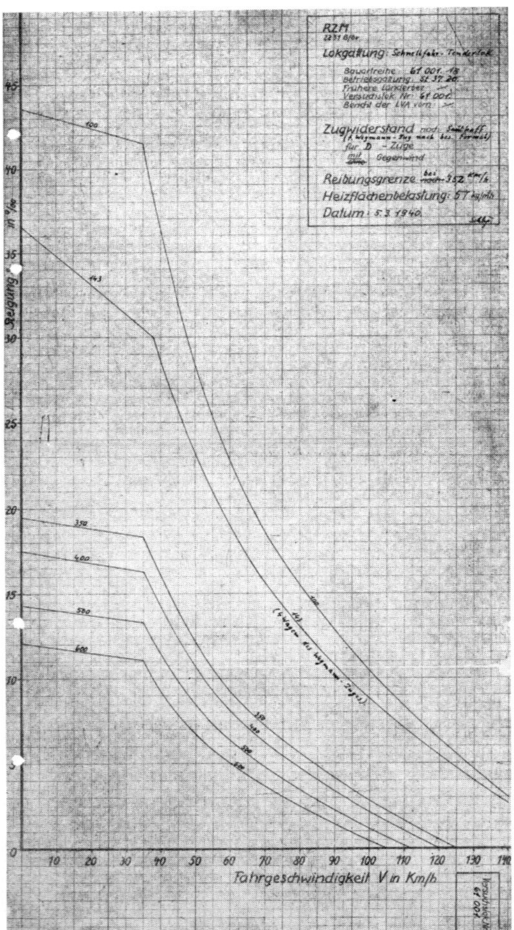


Links: Erst 1940 wurde diese Schlepplastentafel aufgrund der Versuche mit Lok 61 001 aufgestellt. (Skizze: Verkehrsmuseum Nürnberg)

Rechts oben: Weitere Vorführungsfahrten brachten die Lok, vermutlich am 9. November 1935, nach Hannover. (Foto: Kreutzer)

Wassernehmen während einer Probe- oder Überführungsfahrt, leider unbekannten Ortes. (Foto: Nachlaß Mauck, Sammlung Windberg)

Hannover
61 001

**4.** Auf der Strecke Berlin—Dresden wird der Henschel-Wegmann-Stromlinien-Dampfzug mit 2. und 3. Klasse in folgenden Fahrplänen eingesetzt:

| | | D 54 | D 58 |
|---|---|---|---|
| Berlin Anh Bf ······· | ab | 15.10 | 22.10 |
| Dresden Neustadt ···· | an | 16.47 | 23.45 |
| Dresden Hbf ········· | an | 16.54 | 23.52 |

| | | D 53 | D 57 |
|---|---|---|---|
| Dresden Hbf ········· | ab | 9.31 | 17.26 |
| Dresden Neustadt ···· | ab | 9.37 | 17.32 |
| Berlin Anh Bf ······· | an | 11.12 | 19.06 |

Kürzeste Reisezeit 1 Std 40 Min gegen 2 Std 8 Min des bisher schnellsten Zuges.

**5.** Zur Beförderung der FD 23/24 wird die Borsig-Stromlinienlokomotive auf der Strecke Hamburg—Altona—Berlin L eingesetzt. Die Züge werden beschleunigt und so früh gelegt werden, daß in Berlin der Anschluß an D 62 nach Dresden (Berlin Anh Bf ab 10.00) erreicht wird.

Oben: Der Henschel-Wegmann-Zug in voller Fahrt, 1936.
(Foto: Kreutzer)

Unten: Aus dem amtlichen Mitteilungsblatt „Die Reichsbahn“ von 1936: Der Fahrplan für den Henschel-Wegmann-Zug ab Sommer 1936.

# Kapitel 5: Im Dienst zwischen Berlin und Dresden

## Die Fahrpläne des Henschel-Wegmann-Zuges

Nun aber war endgültig die Zeit für den fahrplanmäßigen Einsatz gekommen. Schon im Heft 15/16 der Zeitschrift „Die Reichsbahn" vom 8./15. April 1936 war die hier im Faksimile wiedergegebene Ankündigung erschienen, die auch wie vorgesehen in den Kursbüchern abgedruckt wurde. Am 14. Mai 1936 wurde die Lok 61 001 aus Grunewald dem Bahnbetriebswerk Dresden-Altstadt zugewiesen; sie hatte bis dahin 20 905 Fahrkilometer zurückgelegt.
Mit diesem Fahrplan, der bei den Zügen D 53, D 57 und D 58 für die 176,0 km Streckenlänge zwischen dem Anhalter Bahnhof und Dresden Neustadt also Fahrzeiten von 95 Minuten und eine Reisegeschwindigkeit von 111,2 km/h bedeutete, lag der Henschel-Wegmann-Zug in der Liste der schnellsten Dampfzüge der Reichsbahn – hinter den Hamburger Zügen FD 23/24 mit Baureihe 05 und dem Ersatzzug BFD 11/20 für den „Fliegenden Hamburger" mit Baureihe 03 auf den Plätzen 5 bis 7. Den Platz 8 der Liste hatte D 54, gleichfalls unser Zug, mit seinen 97 Minuten und einem Durchschnitt von 108,9 km/h inne. Die statistisch vielleicht nicht ganz korrekte Vernachlässigung des kurzen Abschnitts bis zum Dresdner Hauptbahnhof war auch bei den Schnelltriebwagen üblich, für die etwa die Verbindung von Hamburg Hbf nach Altona Hbf bei der Berechnung ausgeklammert wurde.
Das begrenzte Fassungsvermögen des Zuges und die Unmöglichkeit, irgendwelche Verstärkungswagen beizustellen, trug allen vier Verbindungen im Kursbuch den Vermerk ein, sie besäßen „nur beschränkte Platzzahl und beschränkte Gepäckbeförderung. Diese Züge sind für Gesellschafts-, Schul- und Jugendfahrten, Kinder- und sonstige Transporte nur beschränkt aufnahmefähig." Allein in der Formulierung drückt sich deutsche Geschichte aus.
Bereits zum Winterabschnitt des Fahrplans, gültig ab Oktober 1936, erwiesen sich allerdings gewisse Korrekturen als notwendig: Sowohl die schwächere Besetzung der Mittagszüge D 54 und D 57 als auch ihre verhältnismäßig kurze Wendezeit von nur 32 Minuten in Dresden Hbf ließen es geraten erscheinen, beide Fahrplantrassen etwas früher und mit etwas mehr Abstand zu legen. Zugleich wurde, auch mit Rücksicht auf die Anstrengung von Ersatzlokomotiven, die Mehrzahl der Pläne geringfügig entspannt.

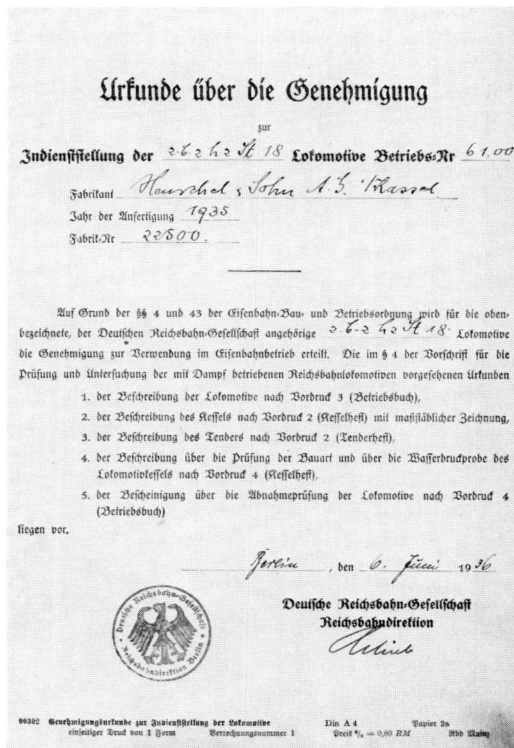

**Urkunde über die Genehmigung**

zur

**Indienststellung der** 2C2 h2 St 18 **Lokomotive Betriebs-Nr** 61 001

Fabrikant Henschel & Sohn A.G. Kassel

Jahr der Anfertigung 1935

Fabrik-Nr 22500.

Auf Grund der §§ 4 und 43 der Eisenbahn-Bau- und Betriebsordnung wird für die obenbezeichnete, der Deutschen Reichsbahn-Gesellschaft angehörige 2C2 h2 St 18 Lokomotive die Genehmigung zur Verwendung im Eisenbahnbetrieb erteilt. Die im § 4 der Vorschrift für die Prüfung und Untersuchung der mit Dampf betriebenen Reichsbahnlokomotiven vorgesehenen Urkunden

1. der Beschreibung der Lokomotive nach Vordruck 3 (Betriebsbuch),
2. der Beschreibung des Kessels nach Vordruck 2 (Kesselheft) mit maßstäblicher Zeichnung,
3. der Beschreibung des Tenders nach Vordruck 2 (Tenderheft),
4. der Beschreibung über die Prüfung der Bauart und über die Wasserdruckprobe des Lokomotivkessels nach Vordruck 4 (Kesselheft),
5. der Bescheinigung über die Abnahmeprüfung der Lokomotive nach Vordruck 4 (Betriebsbuch)

liegen vor.

Berlin, den 6. Juni 1936

Deutsche Reichsbahn-Gesellschaft
Reichsbahndirektion

Deutsche Reichsbahn-Gesellschaft · Reichsbahndirektion Berlin

90302 Genehmigungsurkunde zur Indienststellung der Lokomotive — Din A 4 — Papier 2a
einseitiger Druck von 1 Form — Verrechnungsnummer 1 — Preis °/₀ = 0,80 RM — Rbd Mainz

Urkunde über die Genehmigung zur Indienststellung der Lokomotive 61 001 vom 6. Juni 1936. (Verkehrsmuseum)

Unten: Durchfahrt des Henschel-Wegmann-Zuges in Radebeul-Ost, im Jahre 1938 beobachtet. (Foto: Lindemann)

Rechts:
Vor der Abfahrt vom Anhalter Bahnhof in Berlin. (Foto: Pragher)

61 001

Links: Abfahrauftrag für den Henschel-Wegmann-Zug vom Anhalter Bahnhof, etwa 1938. (Foto: Pragher)

Rechts: Das Fabrikschild der Lok 61001.

Unten: Aus dem Reichsbahn-Kalender ist dieses Bild des Zuges zwischen Berlin und Dresden entnommen. (Verkehrsmuseum)

**Winter 1936/37**

| | | D 54 | D 58 |
|---|---|---|---|
| Berlin Anh Bf | ab | 13.10 | 22.08 |
| Dresden Neustadt | an | 14.48 | 23.45 |
| Dresden Hbf | an | 14.55 | 23.52 |
| | | **D 53** | **D 57** |
| Dresden Hbf | ab | 9.31 | 16.22 |
| Dresden Neustadt | ab | 9.37 | 16.28 |
| Berlin Anh Bf | an | 11.12 | 18.07 |

Die Fahrzeiten zwischen dem Neustädter und dem Anhalter Bahnhof wuchsen also für D 54 auf 98 Minuten (Reisegeschwindigkeit 107,8 km/h), für den D 57 auf 99 Minuten (Schnitt 106,7 km/h) und für den Spätzug D 58 nun auf 97 Minuten (Schnitt 108,9 km/h). Gewiß hat diese kleinliche Minuten-Berechnung mit der betrieblichen Realität oft nur wenig zu tun, ganz ohne Bedeutung ist sie aber gleichwohl nicht.

In der ab Winter 1936/37 eingeführten Fassung hat sich der Fahrplan des Henschel-Wegmann-Zuges durchaus bewährt und bei den Fahrgästen auch eingebürgert. Mit nur unbedeutenden Änderungen ab 22. Mai 1937 gültig, erschien er unverändert bis zum Ende des Winterfahrplans 1938/39 immer wieder.

**Sommer 1937 bis Winter 1938/39**

| | | D 54 | D 58 |
|---|---|---|---|
| Berlin Anh Bf | ab | 13.09 | 22.08 |
| Dresden Neustadt | an | 14.48 | 23.45 |
| Dresden Hbf | an | 14.55 | 23.52 |
| | | **D 53** | **D 57** |
| Dresden Hbf | ab | 9.30 | 16.22 |
| Dresden Neustadt | ab | 9.37 | 16.28 |
| Berlin Anh Bf | an | 11.12 | 18.07 |

Korrekturen gegenüber dem Winterfahrplan 1936/37 sind nur bei D 53 und D 54 um jeweils eine Minute festzustellen. Auf die Berechnung der Reisegeschwindigkeit über die 176,0 km Strecke ist sie nur bei D 54 von Einfluß, der nun gleichfalls 99 Minuten benötigt und wie D 57 einen Schnitt von 106,7 km/h erzielt. Mit diesen Werten liegen im Sommer 1937 die Züge D 53/58 noch immer auf den Plätzen 3 und 4, die Züge D 54/57 auf den Plätzen 6 und 7 unter den schnellfahrenden Dampfzügen der Deutschen Reichsbahn; all diese Positionen haben sie auch im Sommer 1938 wieder inne.

Es ist mitunter die Frage gestellt worden, warum der Zug gerade auf der Dresdner Strecke eingesetzt wurde. Diese Wahl war einmal durch den Aktionsradius der Lokomotive, also Kesselermüdung und Wasserverbrauch, nach den Beobachtungen bei den Versuchsfahrten bestimmt, und zum anderen von Erwägungen des Verkehrsdienstes, nach einer Anzahl von Orten (Beuthen/Breslau, Königsberg, Dresden) nicht den FD oder FDt, sondern aufgewertete D-Züge mit gepolsterter 3. Klasse anzubieten. Vom Ruhrgebiet oder den Hansestädten nach Berlin erwartete man ein zahlungskräftigeres Publikum, das auch den FD-Zuschlag akzeptierte.

Für den Henschel-Wegmann-Zug wurde neben dem Schnellzugzuschlag (3,00 RM in der 2. und 1,50 RM in der 3. Klasse) nur eine Zulassungskarte (gebührenfrei, außerdem Platzkarten zu 1,00 RM und 0,50 RM je nach Klasse möglich) verlangt, die in späteren Jahren übrigens wegfiel. Der einfache Fahrpreis von Berlin nach Dresden war 10,60 RM beziehungsweise 7,20 RM.

Über die Fahrgeschwindigkeiten auf den einzelnen Abschnitten der Dresdner Strecke hat Joachim Raabe eingehend berichtet. Weite Teile der Linie waren ja nur für 100 bis 110 km/h zugelassen, ein höheres Tempo überhaupt nur etwa zwischen Uckro-Lukkau und Zossen denkbar. Der Plan war für eine Spitze von 135 km/h berechnet, dies wegen der Zuckbewegungen und wegen der Rücksichtnahme auf die Fähigkeiten des Ersatzzuges.

Oben: Auszug aus dem Kursbuch vom Winter 1936/37 mit dem „klassischen" Fahrplan für D 54 und D 58.

Unten: Ausfahrt von Dresden in Richtung Berlin: Die Lok 61 001 läuft mit dem „Tender" voraus. (Foto: Verkehrsmuseum)

## 133 a Berlin - Elsterwerda - Dresden

| km | RBD Berlin / Zug Nr | 324 | 312 | D 148 | 318 | D 62 | | 286 | D 54 | D 64 | 314 | vS 320 | E 68 | w 310 | S 310 | D 60 | ■ E 56 | S 301 | 1699 | 316 | D 58 | D 52 | nS 330 |
|---|---|---|---|---|---|---|---|---|---|---|---|---|---|---|---|---|---|---|---|---|---|---|---|
| | Klasse | 2. 3. | 2. 3. | 1. 2. 3. | 2. 3. | 1. 2. 3. | | 2. 3. | 2. 3. | 1. 2. 3. | 2. 3. | 2. 3. | 2. 3. | 2. 3. | 2. 3. | 2. 3. | 2. 3. | 2. 3. | 2. 3. | 2. 3. | 2. 3. | 1. 2. 3. | 2. 3. |
| 0,0 | **Berlin** Anh Bf ab | ... | 6.09 | **7.47** | 9.09 | **10.00** | ... | 12.58 | **13.10** | **13.49** | 14.09 | vS 15.09 | **16.33** | k17.26 | k18.26 | **19.12** | ■20.05 | ... | ... | 20.09 | **22.08** | **23.38** | 23.06k |
| 32,9 | Zossen | ... | 6.39 | | 9.40 | | ... | | | | 14.39 | 15.46 | **17.09** | w18.23 | S19.24 | | 20.35 | ... | ... | 20.43 | | | nS0.08 |
| 39,2 | Wünsdorf (Kr Teltow) | ... | 6.49 | | 9.50 | | ... | | | | 14.4[illegible] | 15.55 | | 18.31 | 19.32 | | | ... | ... | 20.51 | | | 0.16 |
| 42,2 | Neuhof (Kr Teltow) .. RBD Halle (S) | ... | 6.53 | | 9.54 | | ... | | | | 14.51 | | | 18.35 | 19.37 | | | ... | ... | 20.56 | | | 0.29 |
| 51,5 | Baruth (Brandenburg) | ... | 7.04 | b | 10.05 | | ... | | | | 15.02 | | **17.24** | 18.45 | S19.46 | | | ... | ... | 21.07 | | | 0.30 |
| 56,1 | Klasdorf | ... | 7.11 | | 10.11 | | ... | | | | 15.08 | | | 18.50 | an | | | ... | ... | 21.13 | | | 0.36 |
| 61,9 | Golßen (Niederlausitz) | ... | 7.18 | | 10.19 | | ... | | | | 15.16 | | **17.34** | w18.56 | | | | ... | ... | 21.20 | | | 0.45 |
| 68,7 | Drahnsdorf | ... | 7.26 | d | 10.27 | | ... | | | | 15.24 | | | an | | | | ... | ... | 21.28 | | | 0.53 |
| 76,1 | **Uckro** (Reichsb) 154 b, 154 n an | ... | 7.34 | **8.47** | 10.35 | | ... | | | | 15.3[illegible] | vS 16.23 | **17.46** | ... | | | ■21.06 | ... | ... | 21.36 | | | nS1.00 |
| | *Dahme (Mark) 154 b* an | ... | *8.15* | *9.41* | *12.45* | ... | ... | ... | ... | | *16.18* | ... | *w18.15* | ... | | ... | *22.23* | ... | ... | *22.23* | ... | ... | nS *1.27* |
| | *Luckau 154 n* an | ... | *7.55* | *9.30* | *12.23* | ... | ... | ... | ... | | *16.09* | ... | *18.05* | ... | | ... | *22.05* | ... | ... | *22.05* | ... | ... | ... |
| | *Luckau 154 n* ab | ... | *6.25* | *8.30* | *8.30* | ... | ... | ... | ... | | *15.16* | ... | *17.29* | ... | | ... | ... | ... | ... | *21.20* | ... | ... | ... |
| | *Dahme (Mark) 154 b* ab | ... | *6.07* | *8.18* | *8.18* | ... | ... | ... | ... | | *14.57* | ... | *w17.12* | ... | | ... | ... | ... | *w20.35* | *S21.02* | ... | ... | nS *0.28* |
| 76,1 | **Uckro** (Reichsb) 154 b, 154 n ab | ... | 7.40 | **8.48** | 10.37 | | ... | | | | 15.35 | vS 16.24 | **17.47** | ... | | | ■21.07 | ... | ... | 21.40 | | | nS 1.01 |
| 81,2 | Gehren (Kr Luckau) | ... | 7.47 | | 10.43 | | ... | | | | 15.42 | | | ... | | | | ... | ... | 21.47 | | | 1.08 |
| 85,6 | Wendisch Drehna | ... | 7.54 | | 10.50 | | ... | | | | 15.49 | | | ... | | | | ... | ... | 21.53 | | | 1.14 |
| 93,7 | Brenitz Sonnewalde | ... | 8.03 | | 10.58 | | ... | | | | 15.58 | | | ... | | | | ... | ... | 22.02 | | | 1.22 |
| 103,0 | **Dobrilugk-Kirchhain** 153 an | ... | 8.12 | **9.11** | 11.07 | | ... | | | **14.56** | 16.07 | vS 16.47 | **18.08** | ... | | | ■21.28 | ... | ... | 22.11 | | **0.40** | nS 1.31 |
| | *Finsterwalde (Niederlausitz) 153* an | ... | **8.49** | *9.29* | ***12.11*** | ... | ... | ... | ... | *15.23* | *17.02* | ... | ***18.29*** | ... | | ... | ... | ... | ... | ***22.33*** | ... | e*0.58* | ... |
| | *Falkenberg (b Torgau) 153* an | ... | **8.45** | *11.10* | ***12.08*** | ... | ... | ... | ... | ***16.20*** | *17.50* | ... | ***20.31*** | ... | | ... | ... | ... | ... | *22.55* | ... | | ... |
| 103,0 | **Dobrilugk-Kirchhain** 153 ab | ... | 8.30 | **9.12** | 11.10 | | ... | | | **14.57** | 16.09 | vS 16.49 | **18.09** | ... | ... | | ■21.29 | ... | ... | 22.33 | | **0.41** | ... |
| 108,9 | Rückersdorf-Oppelhain | ... | 8.37 | | 11.17 | | ... | | | | 16.16 | | | ... | ... | | | ... | ... | 22.40 | | | ... |
| 116,6 | Hohenleipisch | ... | 8.45 | | 11.25 | | ... | | | | 16.24 | | | ... | ... | | | ... | ... | 22.48 | | | ... |
| 121,5 | Biehla | ... | 8.51 | | 11.31 | | ... | | | | 16.31 | | | ... | ... | | | ... | ... | 22.54 | | | ... |
| 122,8 | **Elsterwerda** an | ... | 8.53 | **9.28** | 11.34 | | ... | | | **15.12** | 16.33 | vS 17.05 | **18.23** | ... | ... | | ■21.45 | ... | ... | 22.57 | | **0.56** | ... |
| | *Elsterwerda* 133 c ab | ***9.36*** | *9.53* | ***9.36*** | *12.27* | ... | W 354 2.3. b0 | ... | ... | ***15.22*** | | *17.35* | ***18.34*** | ... | ... | ... | *21.55* | ... | ... | *23.01* | ... | *1.01* | ... |
| | *Riesa* 133 c an | ***10.01*** | *10.24* | ***10.01*** | *12.58* | ... | | ... | ... | ***15.47*** | | *18.12* | ***19.01*** | ... | ... | ... | *22.23* | ... | ... | *23.32* | ... | *1.32* | ... |
| | ***Chemnitz Hbf* 139** an | ***11.10*** | *13.32* | ***11.10*** | *15.13* | ... | | ... | ... | ***16.58*** | *20.09* | *21.22* | ***20.09*** | ... | ... | ... | ***23.32*** | ... | ... | *2.13*f | ... | *6.02* | ... |
| | *RBD Dresden* | | | | | | | | | | | | | | | | | | | | | | |
| 122,8 | **Elsterwerda** ab | 4.30 | 8.56 | **9.31** | 11.40 | | w13.48 | | | **15.16** | 16.36 | vS 17.07 | **18.26** | ... | ... | | ■21.51 | | ... | 23.17 | | **0.57** | ... |
| 126,8 | Prösen-Wainsdorf | 4.35 | 9.01 | | 11.45 | | 13.53 | | | | 16.41 | | | ... | ... | | | | ... | 23.22 | | | ... |
| 131,5 | Frauenhain | 4.42 | 9.08 | | 11.52 | | 13.59 | | | | 16.48 | | | ... | ... | | | | ... | 23.29 | | | ... |
| 135,4 | Zabeltitz | 4.47 | 9.14 | | 11.57 | | 14.04 | | | | 16.53 | | | ... | ... | | | | ... | 23.34 | | | ... |
| 141,4 | Großenhain Berl Bf 154 | 4.55 | 9.23 | 9.49 | 12.06 | | w14.10 | | | **15.31** | 17.02 | 17.24 | **18.41** | ... | ... | | 22.07 | | ... | 23.41 | | **1.12** | ... |
| 148,8 | Böhla | 5.05 | 9.32 | | 12.15 | | an | | | | 17.11 | | | ... | ... | | | | ... | 23.50 | | | ... |
| 157,4 | **Weinböhla** 131 d an | 5.14 | 9.42 | | 12.24 | | | | | | 17.20 | 17.41 | **18.56** | ... | ... | | 22.21 | | ... | 23.59 | | | ... |
| | **Weinböhla** 131 d ab | 5.15 | 9.44 | | 12.25 | | | | | | 17.22 | 17.42 | **18.57** | ... | ... | | 22.22 | S23.05 | ... | 0.00 | | | ... |
| 161,6 | Neucoswig 131 d | 5.21 | | | | | | | | | | | | ... | ... | | | 23.12 | ... | | | | ... |
| 165,8 | Radebeul-Kötzschenbroda 133 b, 137, 137 a (Gesamtverk 132 a) | | 9.53 | | 12.34 | | | | | | 17.31 | | **19.06** | ... | ... | | 22.32 | S23.20 | 23.29 | 0.08 | | | ... |
| 169,5 | Radebeul 132 d (Gesamtverk 132 a) | | 9.58 | | | | | | | | | | | ... | ... | | | an | 23.37 | | | | ... |
| 176,0 | **Dresden-Neustadt** 131 c, 134 an | | 10.07 | 10.21 | 12.44 | **12.12** | | 17.00 | 14.48 | **15.57** | 17.40 | 18.02 | **19.16** | ... | ... | 21.35 | 22.43 | ... | 23.48 | 0.18 | 23.45 | **1.38** | ... |
| | **Dresden-Neustadt** ab | | 10.10 | 10.23 | 12.46 | **12.14** | | 17.02 | 14.49 | **15.59** | 17.42 | 18.06 | **19.17** | ... | ... | 21.37 | 22.45 | ... | 23.50 | 0.21 | 23.46 | **1.40** | ... |
| 177,7 | Dresden Wettinerstraße an | | 10.13 | | 12.49 | | | 17.05 | | | 17.45 | 18.09 | | ... | ... | | | ... | 23.53 | 0.24 | | | ... |
| 179,9 | **Dresden** Hbf an | 5.54 | 10.19 | 10.29 | 12.54 | **12.20** | ... | 17.09 | 14.55 | **16.06** | 17.50 | vS 18.14 | **19.23** | ... | ... | 21.43 | ■22.51 | ... | 23.58 | 0.29 | 23.52 | 1.46 | ... |

b Berlin-Athen, ab Berlin nur **So, Mi** u **Fr** d nur bis Dresden Hbf e S und nS f S und nS k Vorortzug, ab Berlin Potsd Ringbf ■ S ab 17. V. 37

◆ D 54 u D 58 haben nur beschränkte Platzzahl u beschränkte Gepäckbeförderung. Benutzung nur mit Platzkarte oder Zulassungskarte. Diese Züge sind für Gesellschafts-, Schul- u Jugendfahrten, Kinder- u sonstige Transporte nur beschränkt aufnahmefähig

In Dresden an der Zigarettenfabrik Yenidze, 1938 aufgenommen. (Foto: Sammlung Claus)

Rechts oben: Auf dem Damm bei Neu-Coswig hat Carl Bellingrodt den D 53 fotografiert. 1936.

Unten: Vorspann der Lokomotive 61001 vor schwerem Schnellzug mit Reihe 01 bei Radebeul Ost im Juni 1939. (Foto: Lindemann)

Rechts: Ausfahrt des Berliner Zuges in Dresden Hauptbahnhof. (Foto: Verkehrsmuseum)

## Der Dienst des Ersatzzuges

Unter dem „Ersatzzug“ haben wir uns zweierlei vorzustellen: Da ist einmal der Stromlinienzug ohne die Lok 61 001, also von einer der Dresdner 01 oder 03 vermittels der Notkupplung für den Scharfenberg-Apparat gezogen. Für diese Aufgabe kamen nur Maschinen ab 01 102 ($V_{max}$ = 130 km/h) und ab 03 123 ($V_{max}$ = 140 km/h) in Frage; Dresden beheimatete ab April 1938 die mit Stromlinientender gekuppelte 01 226 für solche Zwecke. Ganz vereinzelt mag auch die sächsische XVIII H eingesprungen sein.

Und die andere Form des Ersatzzuges, die nicht nur auf die Werkstättentage des Wegmann-Zuges beschränkt blieb, war ein gleichfalls von 01 oder 03 beförderter Verband aus meist recht neuen, stählernen Schnellzugwagen, vier bis sechs an der Zahl, darunter ein Mitropa-Speisewagen. Ob Post- und Gepäckbeförderung, soweit im Fahrplan vorgesehen, durch ei-

nen vereinigten Wagen wie hinter der Reihe 05 besorgt wurde, ist nicht bekannt.
Ein Blick in die Betriebsbögen der Lokomotive 61 001 belehrt darüber, daß solche Ersatzzüge nicht eben selten unterwegs waren. Die Mitteilungen darüber, ob sie den Fahrplan eingehalten haben, gehen auseinander. Das Bestreben, es mit einer Regelmaschine genausogut zu können wie mit der Stromlinienlok, mag gewiß vorhanden gewesen sein, doch täte man den meisten Dresdner Lokführern sicher unrecht, wollte man ihnen bei ihrer verantwortungsvollen Tätigkeit großen sportlichen Ehrgeiz unterstellen. Das waren, mit Verlaub, brave Beamte mit Familie; und wer vermag sich den „ollen Brade", wie ihn Karl-Ernst Maedel so treffend beschrieben hat, etwa hastig vorzustellen...
Nun noch ein Blick auf diesen „klassischen", weil am längsten gültigen Fahrplan des Henschel-Wegmann-Zuges aus der Perspektive des Berliner Fahrgastes, nämlich auf die Fahrplantafeln des Anhalter

Oberlokführer Brade auf dem Führerstand der Lok 61 001 mit dem beeindruckenden Geschwindigkeitsschild. (Foto: Rbd Dresden/Mäde)

Links: Ersatzlokomotive 01 185 vor dem Wegmann-Zug in Dresden-Neustadt, 1937. (Foto: Lindemann)

Bahnhofes vom Winter 1938/39, welche Dieter Glässel 1970 in einem Nachdruck herausgegeben hat. Dieser Plan verzeichnet zunächst um 11.12 Uhr auf Gleis 8 die Ankunft des D 53 mit der Bemerkung, daß dieser Zug in Dresden Hbf um 9.30 Uhr abgefahren sei und einen Speisewagen führe, andererseits aber Platzzahl und Gepäckbeförderung beschränkt seien. Daß der Henschel-Wegmann-Zug sodann auf das Abstellgleis gedampft, restauriert und gereinigt worden ist, entnehmen wir dem Hinweis der Abfahrtafel, die um 13.09 Uhr für Gleis 17 des Anhalter Bahnhofes den Zug D 54 nach Dresden (Ankunft dort um 14.55 Uhr) im Register führt. Bemerkenswert ist noch, daß in dieser Verbindung das Postabteil, wenn auch nur werktags, benutzt wird, während es auf der Herfahrt von Dresden leergestanden hatte.

Neue Kunde vom Salonwagenzug erhalten wir um 18.07 Uhr auf Gleis 9, wenn – wieder ohne Postbeförderung – der Zug D 57, Dresden Hbf ab 16.22 Uhr, seine Fahrgäste zu abendlichen Veranstaltungen nach Berlin bringt.

Schließlich verläßt der Zug spätabends ein letztes Mal die Reichshauptstadt. Täglich um 22.08 Uhr, wiederum mit werktäglicher Postbeförderung, erfolgte seine Abfahrt als D 58 vom Gleis 2 des Anhalter Bahnhofes. Die Ankunft in Dresden war für 23.52

(Fortsetzung) **133 a Dresden - (Chemnitz-) Elsterwerda - Berlin**

| RBD Dresden / Zug Nr / Klasse | | D 53 2. 3. | D 55 1. 2. 3. | E 77 2. 3. | E 67 2. 3. | 341 a 2. 3. | D 63 1. 2. 3. | D 75 2. 3. | 313 2. 3. |
|---|---|---|---|---|---|---|---|---|---|
| **Dresden** Hbf | ab | 8.30 | 9.49 | ... | 10.33 | 12.14 | 12.54 | ... | 13.14 |
| Dresden Wettinerstraße | | | | ... | | ab Dr-Fr-Cossebaude | | ... | 13.18 |
| **Dresden-Neustadt** 131 b, 132 | an | 8.35 | 9.55 | ... | 10.38 | | 13.00 | ... | 13.21 |
| | ab | 8.37 | 9.57 | ... | 10.40 | | 13.02 | ... | 13.26 |
| Radebeul 133 g [137 a | | | | ... | | | | ... | |
| Radebeul-Kötzschenbroda 133 b, 137, | | | Karlsbad-Bodenbach- | ... | 10.50 | | | ... | 13.36 |
| Neucoswig 131 d | | ◆ | | ... | | 12.44 | | ... | b13.41 |
| **Weinböhla** 131 d | an | | | ... | 10.59 | 12.49 | | ... | 13.45 |
| | ab | | | ... | 11.00 | 12.50 | g | ... | 13.46 |
| Böhla | | | | ... | | 13.00 | | ... | 13.56 |
| Großenhain Berl Bf 154 | | | | ... | 11.15 | 13.09 | Prag- | ... | 14.04 |
| Zabeltitz | | | | ... | | an | | ... | 14.12 |
| Frauenhain | | | | ... | | ... | | ... | 14.18 |
| Prösen-Wainsdorf | | | | ... | | ... | | ... | 14.24 |
| **Elsterwerda** | an | | | ... | 11.31 | ... | | ... | 14.29 |
| *Chemnitz Hbf* 139 | ab | ... | ... | *9.35* | ... | ... | ... | *12.33* | ... |
| *Riesa* } 133 o | ab | ... | ... | *10.39* | ... | ... | ... | *13.34* | *13.52* |
| *Elsterwerda* } 133 o | an | ... | ... | *11.08* | ... | ... | ... | | *14.26* |
| *RBD Halle (Saale)* | | | | | | | | | |
| **Elsterwerda** | ab | | Dresden- | 11.10 | 11.33 | ... | über Lobositz- | über | 14.32 |
| Biehla | | | | | | ... | | | 14.35 |
| Hohenleipisch | | | | | | ... | | | 14.42 |
| Rückersdorf-Oppelhain | | | | | | ... | | | 14.49 |
| **Doberlug-Kirchhain** 153 | an | | 10.54 | 11.25 | 11.50 | ... | | | 14.56 |
| *Falkenberg (Elster)* 153 | ab | ... | *10.04* | *10.04* | *11.33* | ... | ... | ... | *14.01* |
| *Finsterwalde* (Niederlausitz 153 | ab | ... | *10.30* | *10.30* | *11.35* | ... | ... | ... | *14.32* |
| **Doberlug-Kirchhain** 153 | ab | | 10.55 | 11.26 | 12.00 | ... | Röderau Dresden- | Röderau Chemnitz- | 14.57 |
| Brenitz Sonnewalde | | | Berlin | Chemnitz | | ... | | | 15.06 |
| Walddrehna | | | | | | ... | | | 15.15 |
| Gehren (Kr Luckau) | | | | | | ... | | | 15.21 |
| **Uckro** (Reichsb) 154 b, 154 n | an | | | | 12.18 | ... | | | 15.26 |
| *Dahme (Mark)* 154 b | an | ... | ... | ... | *12.46* | ... | ... | ... | *16.24* |
| *Luckau* 154 n | an | ... | ... | ... | *12.39* | ... | ... | ... | *16.05* |
| *Luckau* 154 n | ab | ... | ... | ... | *11.56* | ... | ... | ... | *15.10* |
| *Dahme (Mark)* 154 b | ab | ... | ... | ... | *11.46* | ... | ... | ... | *14.50* |
| **Uckro** (Reichsb) 154 b, 154 n | ab | | | | 12.19 | ... | (s 133 b) Berlin | (siehe 133 b) Berlin | 15.27 |
| Drahnsdorf | | | | | | ... | | | 15.35 |
| Golßen (Niederlausitz) | | | | 11.54 | | ... | | | 15.42 |
| Klasdorf | | | | | | ... | | | 15.49 |
| Baruth (Brandenburg) | | | | -Berlin | 12.37 | ... | | | 15.55 |
| Neuhof (Kr Teltow) | | | | | | ... | | | 16.05 |
| Wünsdorf (Kr Teltow) 599 d \| *RBD Berlin* | | | | | | ... | | | 16.10 |
| Zossen 599 d | | | | | 12.56 | ... | | | 16.18 |
| **Berlin** Anh Bf | an | 10.19 | 12.19 | 13.00 | 13.39 | ... | 15.03 | 15.13 | 17.00 |

| RBD Dresden / Zug Nr / Klasse | | | vS E 87 2. 3. | D 57 2. 3. | 357 2. 3. | | D 61 1. 2. 3. | 315 2. 3. | D 147 1. 2. 3. | D 73 2. 3. | S 319 2. 3. | 1696 2. 3. | 0 377 2. 3. |
|---|---|---|---|---|---|---|---|---|---|---|---|---|---|
| **Dresden** Hbf | ab | ... | vS14.28 | 16.22 | 16.54 | ... | 17.38 | 19.26 | 20.44 | ... | S 21.32 | 23.30 | ... |
| Dresden Wettinerstraße | | ... | | | ab Dr-Fr-Cossebaude | ... | Eger- | 19.30 | | ... | 21.36 | 23.34 | ... |
| **Dresden-Neustadt** 131 b, 132 | an | ... | 14.34 | 16.27 | | ... | 17.44 | 19.33 | 20.51 | ... | 21.39 | 23.37 | ... |
| | ab | ... | 14.36 | 16.28 | | ... | 17.46 | 19.37 | 20.53 | ... | 21.41 | 23.38 | ... |
| Radebeul 133 g [137 a | | ... | | | | ... | | | | ... | | 23.49 | ... |
| Radebeul-Kötzschenbroda 133 b, 137, | | ... | 14.49 | | | ... | | 19.48 | | ... | | 23.55 | 0.00 |
| Neucoswig 131 d | | ... | | ◆ | 17.24 | ... | | | | ... | | an | 0.05 |
| **Weinböhla** 131 d | an | ... | 14.58 | | 17.30 | ... | | 19.56 | | ... | 21.57 | ... | 0.10 |
| | ab | ... | 14.59 | | w17.31 | ... | Karlsbad- | 19.58 | | ... | 21.58 | ... | 0.11 |
| Böhla | | ... | | | 17.40 | ... | | 20.08 | f | ... | | ... | 0.20 |
| Großenhain Berl Bf 154 | | ... | 15.13 | | 17.48 | ... | 18.15 | 20.18 | Bratislava-Prag | ... | 22.14 | ... | 0.28 |
| Zabeltitz | | ... | | | 17.55 | ... | | 20.26 | | ... | verkehrt | ... | 0.34 |
| Frauenhain | | ... | | | 18.01 | ... | | 20.32 | | ... | | ... | 0.39 |
| Prösen-Wainsdorf | | ... | | | 18.06 | ... | | 20.38 | | ... | | ... | 0.45 |
| **Elsterwerda** | an | ... | vS15.30 | | w18.11 | ... | 18.35 | 20.44 | | ... | S 22.30 | ... | 0.50 |
| *Chemnitz Hbf* 139 | ab | ... | vS*13.48* | ... | ... | ... | *17.03* | *17.10* | | *20.34* | *19.39* | ... | ... |
| *Riesa* } 133 o | ab | ... | vS*15.00* | ... | ... | ... | *18.05* | *19.22* | | *21.40* | S *21.53* | ... | ... |
| *Elsterwerda* } 133 o | an | ... | vS*15.25* | ... | ... | ... | *18.31* | *19.56* | | | S *22.25* | ... | ... |
| *RBD Halle (Saale)* | | | | | | | | | | | | | |
| **Elsterwerda** | ab | ... | vS15.39 | | ... | ... | Bodenbach- 18.37 | 20.50 | -Lobositz | über Chem- | S 22.31 nicht am | ... | ... |
| Biehla | | ... | | | ... | ... | | 20.53 | | | | ... | ... |
| Hohenleipisch | | ... | | | ... | ... | | 21.01 | | | | ... | ... |
| Rückersdorf-Oppelhain | | ... | | | ... | ... | | 21.09 | | | | ... | ... |
| **Doberlug-Kirchhain** 153 | an | ... | vS15.56 | | ... | ... | 18.53 | 21.16 | 21.48 | | S 22.47 | ... | ... |
| *Falkenberg (Elster)* 153 | ab | ... | ... | ... | ... | ... | *18.22* | *20.49* | ... | ... | *22.12* | ... | ... |
| *Finsterwalde* (Niederlausitz 153 | ab | ... | ... | ... | ... | ... | *18.36* | *20.12* | ... | ... | *22.18* | ... | ... |
| **Doberlug-Kirchhain** 153 | ab | ... | vS15.58 | | ... | ... | 18.54 | 21.24 | 21.49 | Röderau nitz- | S 22.48 28. V. | ... | ... |
| Brenitz Sonnewalde | | ... | | | ... | ... | Dresden- | 21.35 | -Dresden | | | ... | ... |
| Walddrehna | | ... | | | | | | 21.46 | | | | ... | ... |
| Gehren (Kr Luckau) | | ... | | | W 309 | S 309 | | 21.53 | | | | ... | ... |
| **Uckro** (Reichsb) 154 b, 154 n | an | ... | vS16.20 | | 2. 3. | 2. 3. | | 21.59 | | | S 23.09 | ... | ... |
| *Dahme (Mark)* 154 b | an | ... | ... | ... | ... | ... | ... | *22.37* | ... | ... | ... | ... | ... |
| *Luckau* 154 n | an | ... | ... | ... | ... | ... | ... | *22.16* | ... | ... | ... | ... | ... |
| *Luckau* 154 n | ab | ... | ... | ... | ... | ... | ... | *21.20* | ... | ... | ... | ... | ... |
| *Dahme (Mark)* 154 b | ab | ... | ... | ... | ... | ... | ... | w*20.40*c | ... | ... | ... | ... | ... |
| **Uckro** (Reichsb) 154 b, 154 n | ab | ... | vS16.22 | | ... | ... | Berlin | 22.15 | -Berlin | (siehe 133 b) Berlin | S 23.10 | ... | ... |
| Drahnsdorf | | ... | | | ... | ... | | 22.24 | | | | ... | ... |
| Golßen (Niederlausitz) | | ... | | | w20.11 | ... | | 22.32 | | | | ... | ... |
| Klasdorf | | ... | | | 20.18 | | | 22.40 | | | | ... | ... |
| Baruth (Brandenburg) | | ... | | | 20.25 | S20.56 | | 22.48 | | | | ... | ... |
| Neuhof (Kr Teltow) | | ... | | | 20.36 | 21.05 | | 23.00 | | | | ... | ... |
| Wünsdorf (Kr Teltow) 599 d \| *RBD Berlin* | | ... | | | 20.42 | | | 23.07 | | | 23.30 | ... | ... |
| Zossen 599 d | | ... | 16.56 | | w20.49an | 21.16 | | 23.14 | | | S 23.49 | ... | ... |
| **Berlin** Anh Bf | an | ... | vS17.40 | 18.19 | h 21.52 | h 22.12 | 20.20 | 0.01 | 23.21 | 23.27 | nS 0.28 | ... | ... |

0 nS sowie am 29. V.
g erst ab Dresden Hbf
b hält nur Sa
h Vorortzug, an Berlin Potsd Ringbf
c S 21.02
f Athen-Berlin, an Berlin nur Di, Do u Sa
Dresden-Berlin (bis 24. IX. von Bodenbach)
◆ D 53 u D 57 haben nur beschränkte Platzzahl u beschränkte Gepäckbeförderung. Diese Züge sind für Gesellschafts-, Schul- u Jugendfahrten, Kinder- u sonstige Transporte nur beschränkt aufnahmefähig

Auszug aus dem Reichskursbuch vom Sommer 1939 mit dem letzten Fahrplan für die Züge D 53 und D 57.

Uhr vorgesehen, also schon zu mitternächtlicher Stunde. Nun blieb wieder Zeit bis 9.30 Uhr, um die Abfahrt des neuen D 53 nach Berlin vorzubereiten. Aus mehreren Gründen ist dieser Fahrplan für das Jahr 1939/40 nicht mehr übernommen worden. Zunächst weist das Kursbuch, das heute in einem Nachdruck wieder vorliegt, insgesamt längere Fahrzeiten für fast alle FD- und D-Züge aus, weil die angespannten Pläne der Jahre zuvor häufig zu Verspätungen geführt hatten. Außerdem wurde das ganze Zugangebot der Reichsbahn nach schwach besetzten Verbindungen durchforstet, um diese einzustellen. Hierdurch entfielen andere, aus den gleichen Umläufen bestrittene Leistungen, zu deren Ersatz nun weitere Züge in veränderte Fahrplantrassen verlegt werden mußten. Darüber hinaus war die Strecke von Berlin nach Dresden durch die politischen Entwicklungen, also die Vorgänge um Österreich und die Tschechoslowakei, verstärkten Wandlungen des Zugangebotes ausgesetzt. Insbesondere aber hatte auch die Anfälligkeit

Dresden-Neustadt im Jahre 1936: Wie hat sich der Aufsichtsbeamte in Positur geworfen! Zug D 54. (Foto: Verkehrsmuseum)

der Lokomotive 61 001, die gerade vom 18. Juni bis 20. Oktober 1938 dem Betrieb wieder gefehlt hatte, Veranlassung dazu gegeben, in den Fahrplänen noch stärker als bisher Rücksicht auf die Leistungsfähigkeit der Ersatzbaureihe 01 zu nehmen.
Und schließlich war ja auch daran zu denken, daß im laufenden Beschaffungsjahr nicht nur die langerwartete Maschine 61 002, sondern ebenso ein fünfter Waggon für den Zug angeliefert werden sollte, der vielleicht für eine höhere Anhängelast sorgen würde.

**Sommer 1939**

| | | D 54 | D 58 |
|---|---|---|---|
| Berlin Anh Bf ............. | ab | 13.09 | 21.58 |
| Dresden Neustadt ......... | an | 14.57 | 23.45 |
| Dresden Hbf .............. | an | 15.05 | 23.52 |
| | | **D 53** | **D 57** |
| Dresden Hbf .............. | ab | 8.30 | 16.22 |
| Dresden Neustadt ......... | ab | 8.37 | 16.28 |
| Berlin Anh Bf ............. | an | 10.19 | 18.19 |

Die kürzeste planmäßige Fahrzeit zwischen Dresden Neustadt und Berlin benötigte noch immer der – um eine Stunde vorverlegte – Frühzug D 53, nun mit 102 Minuten und einer Reisegeschwindigkeit von 103,5 km/h auf Platz 7 in der Reichsbahn-Liste ihrer schnellsten lokomotivgeförderten Züge abgerutscht, während die drei übrigen Verbindungen dort nicht mehr erscheinen, weil sie unter der 100-Stundenkilometer-Marke liegen: D 58 (107 Minuten) bringt es auf einen Durchschnitt von 98,7 km/h, der Zug D 54 (108 Minuten) auf einen solchen von 97,8 km/h, während D 57 (111 Minuten) mit dem Wert 95,1 km/h den Abschluß bildet.
Wir wissen, daß dieser letzte Vorkriegsfahrplan des Henschel-Wegmann-Zuges nur bis zum August 1939 Gültigkeit besaß. Ebenso wie die treibstoffschluckenden Schnelltriebwagen wurde der luxuriöse Sonderling mit dem Beginn des Feldzuges gegen Polen aus dem Verkehr gezogen und späterhin dem Militär zur Verfügung gestellt. Als am 1. Oktober 1939 das erste Kursbuch der Kriegszeit in Kraft tritt, weist es für die Strecke von Berlin nach Dresden nur noch eine verminderte Zahl schwerer Schnellzüge nach Bodenbach, Lobositz, Prag, Wien und Budapest aus.

Unten und rechts oben: Der D 53 auf winterlicher Fahrt nach Berlin in Dresden-Pieschen, 1938.
(Fotos: Lindemann)

Der Nachmittagszug D 57 verläßt Dresden, 1936 aufgenommen.
(Foto: Bellingrodt)

113
3

# Kapitel 6: Die Lokomotive 61 001 und die Werkstatt

Die Betriebsgattung der Lokomotive 61 001 lautete zuerst St 37.18, und es war eins der seltenen Male überhaupt, daß dieses Kürzel „St" für Schnellzug-Tenderlokomotive zur Anwendung kam. Auf einigen Projektzeichnungen ist wegen der Höchstgeschwindigkeit von 175 km/h sogar an die Gattungsbuchstaben „SSt" in Anlehnung an die Kurzbezeichnungen der Schnellbremse gedacht. Doch noch eine andere Angabe auf dem Gattungsschild verdient nähere Betrachtung, nämlich die Zahl für den Achsdruck. Im Lauf der Jahre wurden die nachfolgenden Werte, von vorn nach hinten gesehen, ermittelt.

**Achsdrücke**

| Achse | | Lieferung | 28.10.37 | 1.1.40 |
|---|---|---|---|---|
| L 1 | = | 18,18 t | 17,5 t | 17,5 t |
| L 2 | = | 18,24 t | 17,7 t | 17,4 t |
| K 1 | = | 18,57 t | 18,9 t | 19,7 t |
| Tr. | = | 18,55 t | 19,1 t | 19,9 t |
| K 2 | = | 18,56 t | 19,1 t | 19,3 t |
| L 3 | = | 18,10 t | 17,6 t | 17,7 t |
| L 4 | = | 18,12 t | 17,1 t | 17,5 t |
| Sa. | = | 128,32 t | 127,1 t | 129,0 t |

Es ist also die Lastverteilung zwischen Lauf- und Kuppelachsen verschoben worden, vermutlich bei der Zwischenausbesserung vom Oktober 1937. Übrigens sind die dort festgestellten Gewichte nur mit zwei Dritteln Kohlevorrat zu verstehen. Bei gleicher Gelegenheit fiel auch ein Mehrgewicht der linken gegenüber der rechten Lokomotivseite um etwa 2 t auf. Jedenfalls schien es nun geraten, auch angesichts der Achsdrucküberschreitung durch den Ausgleich der hin- und hergehenden Massen, die Zulassung auf St 37.20 abzuändern. Gattungszeichen mit diesem Wert sind spätestens anläßlich der Alu-Neubeschilderung im September 1940 angebracht worden; sie lassen sich auf Fotografien erkennen.

Bei welcher Gelegenheit die im Dampflok-Merkbuch (DV 939 a) enthaltenen, nochmals abweichenden Werte aufgenommen worden sind, ist nicht bekannt.

Wir wollen uns nun, nachdem schon mehrfach von dem Ersatz der Lokomotive 61 001 im planmäßigen Dienst durch 01 und 03 die Rede war, einmal näher mit Fragen ihrer betrieblichen Bewährung beschäftigen. Da sind zunächst die Erinnerungen der Personale. Den Lokführer störte ihr schweres Dampfmachen, den Heizer das mit 400×360 mm lichter Weite zu kleine Feuerloch; allzugern wurde da mit dem „Tender" voraus nicht gefahren. Beide hatten zudem unter dem mißlichen Gefühl zu leiden, das ein zu knapper

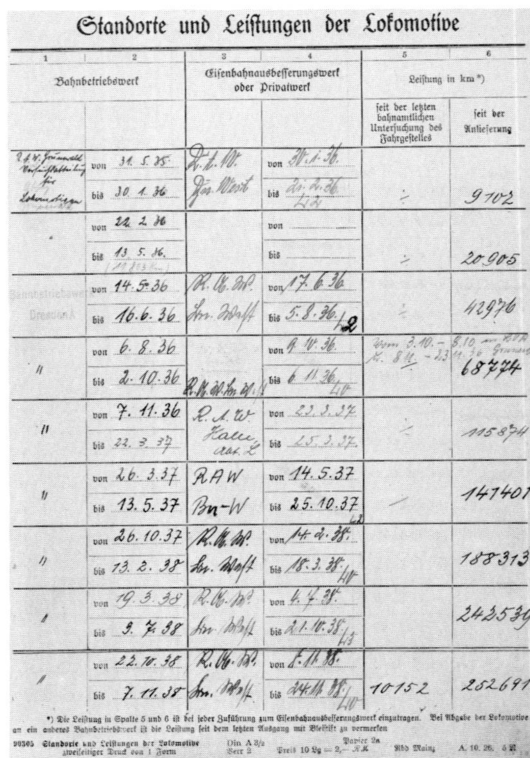

Standorte und Leistungen der Lokomotive

| 1 | 2 | 3 | 4 | 5 | 6 |
|---|---|---|---|---|---|
| Bahnbetriebswerk | | Eisenbahnausbesserungswerk oder Privatwerk | | Leistung in km*) seit der letzten bahnamtlichen Untersuchung des Fahrgestelles | seit der Anlieferung |
| [illegible] | von 31.5.35 bis 30.1.36 | [illegible] | von [illegible] bis [illegible] | ÷ | 9102 |
| | von 22.2.36 bis 13.5.36 | | von bis | ÷ | 20905 |
| | von 14.5.36 bis 16.6.36 | [illegible] | von 17.6.36 bis 5.8.36 | ÷ | 42976 |
| 〃 | von 6.8.36 bis 2.10.36 | [illegible] | von 9.10.36 bis 6.11.36 | [illegible] | 68774 |
| 〃 | von 7.11.36 bis 22.3.37 | R.A.W. Halle | von 23.3.37 bis 25.3.37 | ÷ | 115874 |
| 〃 | von 26.3.37 bis 13.5.37 | RAW Bn-W | von 14.5.37 bis 25.10.37 | – | 147401 |
| 〃 | von 26.10.37 bis 13.2.38 | [illegible] | von 14.2.38 bis 18.3.38 | | 188313 |
| 〃 | von 19.3.38 bis 9.7.38 | [illegible] | von [illegible] bis 21.10.38 | | 242539 |
| 〃 | von 22.10.38 bis 7.11.38 | [illegible] | von [illegible] bis 24.11.38 | 10152 | 252691 |

*) Die Leistung in Spalte 5 und 6 ist bei jeder Zuführung zum Eisenbahnausbesserungswerk einzutragen. Bei Abgabe der Lokomotive an ein anderes Bahnbetriebswerk ist die Leistung seit dem letzten Ausgang mit Bleistift zu vermerken

90305 Standorte und Leistungen der Lokomotive zweiseitiger Druck von 1 Form Din A 3/2 Papier 2a Preis 10 Pg = 2,– RM Rbd Mainz A. 10. 26. 5 M

Wasservorrat bei jeder Fahrt auf freier Strecke einflößt.

## Die Ausbesserungen der Lokomotive

Doch jetzt zu objektiveren Gesichtspunkten. Ein Blick in die Ausbesserungsnachweise des Betriebsbuches und in die Betriebsbögen bringt manche Überraschung und einige Kuriositäten an den Tag. Nachstehend sind aus dem Betriebsbuch die Standorte und Leistungen der Lokomotive 61 001 wiedergegeben. Es bildet ein spannendes Vergnügen, dort die Länge ihrer Aufenthalte im Ausbesserungswerk und auch ihre Laufkilometer aufzuspüren.
Besonders auffällig war etwa die Behandlung als L 2

Die drei Blätter mit den Standorten und Leistungen der Lok 61 001 geben Aufschluß auch über die Ausbesserungen und die Laufkilometer der Lok. (Verkehrsmuseum)

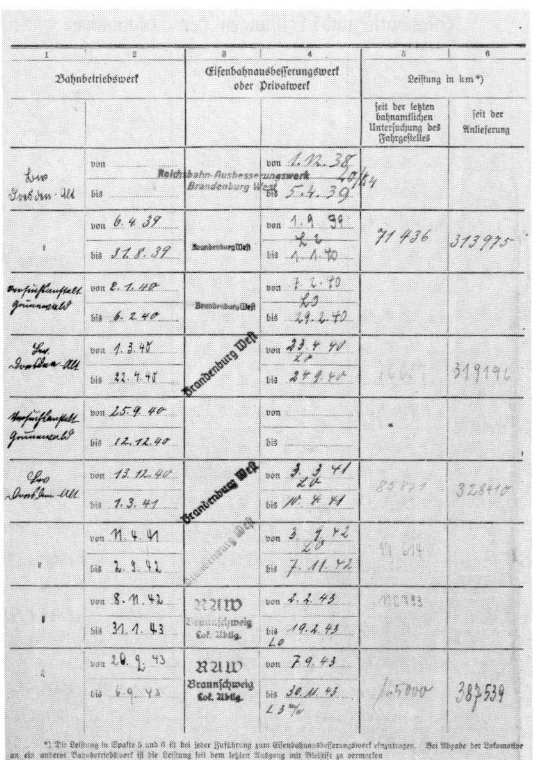

| Bahnbetriebswerk (1) | (2) | Eisenbahnausbesserungswerk oder Privatwerk (3) | (4) | Leistung in km*) seit der letzten bahnamtlichen Untersuchung des Fahrgestelles (5) | seit der Anlieferung (6) |
|---|---|---|---|---|---|
| [illegible] | von / bis | Reichsbahn-Ausbesserungswerk Brandenburg West | von 1.12.38 / bis 5.4.39 | | |
| | von 6.4.39 / bis 31.8.39 | Brandenburg West | von 1.9.39 L2 / bis 1.1.40 | 71 436 | 313 975 |
| [illegible] Grunewald | von 2.1.40 / bis 6.2.40 | Brandenburg West | von 7.2.40 L0 / bis 29.2.40 | | |
| [illegible] | von 1.3.40 / bis 22.4.40 | Brandenburg West | von 23.4.40 L0 / bis 24.9.40 | [illegible] | 319196 |
| [illegible] Grunewald | von 25.9.40 / bis 12.12.40 | | von / bis | | |
| [illegible] | von 13.12.40 / bis 1.3.41 | Brandenburg West | von 3.3.41 L0 / bis 11.4.41 | [illegible] | 328410 |
| | von 11.4.41 / bis 2.9.42 | Brandenburg West | von 3.9.42 L0 / bis 7.11.42 | [illegible] | |
| | von 8.11.42 / bis 31.1.43 | RAW Braunschweig Lok. Abtlg. | von 1.2.43 / bis 19.2.43 L0 | [illegible] | |
| | von 20.9.43 / bis 6.9.43 | RAW Braunschweig Lok. Abtlg. | von 7.9.43 / bis 30.11.43 L3 m/W | [illegible] | 387 539 |

*) Die Leistung in Spalte 5 und 6 ist bei jeder Zuführung zum Eisenbahnausbesserungswerk einzutragen. Bei Abgabe der Lokomotive an ein anderes Bahnbetriebswerk ist die Leistung seit dem letzten Ausgang mit Bleistift zu vermerken

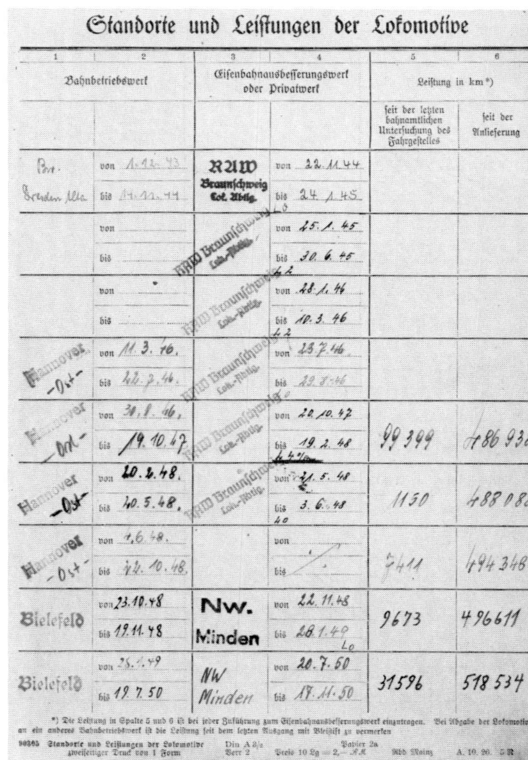

### Standorte und Leistungen der Lokomotive

| Bahnbetriebswerk (1) | (2) | Eisenbahnausbesserungswerk oder Privatwerk (3) | (4) | Leistung in km*) seit der letzten bahnamtlichen Untersuchung des Fahrgestelles (5) | seit der Anlieferung (6) |
|---|---|---|---|---|---|
| [illegible] | von 1.11.43 / bis 14.11.44 | RAW Braunschweig Lok. Abtlg. | von 22.11.44 / bis 24.1.45 | | |
| | von / bis | RAW Braunschweig Lok.-Abtlg. | von 25.1.45 / bis 30.6.45 L2 | | |
| | von / bis | RAW Braunschweig Lok.-Abtlg. | von 28.1.46 / bis 10.3.46 L2 | | |
| Hannover -Ost- | von 11.3.46 / bis 22.7.46 | RAW Braunschweig Lok.-Abtlg. | von 23.7.46 / bis 29.8.46 | | |
| Hannover -Ost- | von 30.8.46 / bis 19.10.47 | RAW Braunschweig Lok.-Abtlg. | von 20.10.47 / bis 19.2.48 L4 | 99 399 | 486 938 |
| Hannover -Ost- | von 20.2.48 / bis 20.5.48 | RAW Braunschweig Lok.-Abtlg. | von 21.5.48 / bis 3.6.48 L0 | 1150 | 488 088 |
| Hannover -Ost- | von 4.6.48 / bis 22.10.48 | | von / bis | 7411 | 494 348 |
| Bielefeld | von 23.10.48 / bis 19.11.48 | Nw. Minden | von 22.11.48 / bis 28.1.49 L0 | 9673 | 496611 |
| Bielefeld | von 25.1.49 / bis 19.7.50 | NW Minden | von 20.7.50 / bis 17.11.50 | 31596 | 518 534 |

*) Die Leistung in Spalte 5 und 6 ist bei jeder Zuführung zum Eisenbahnausbesserungswerk einzutragen. Bei Abgabe der Lokomotive an ein anderes Bahnbetriebswerk ist die Leistung seit dem letzten Ausgang mit Bleistift zu vermerken

90305 Standorte und Leistungen der Lokomotive zweiseitiger Druck von 1 Form Din A 5/2 Verr 2 Papier 2a Preis 10 Lg = 2,– RM Rbd Mainz A. 10. 26. 5 R

**Auszug aus dem Betriebsbogen der Lokomotive 61 001 von 1935 bis 1939**

Im folgenden sind einige Angaben aus dem Monatsnachweis über Verwendung und Leistung der Lok wiedergegeben. Es bedeuten:

b = im Betrieb
k = betriebsfähig kalt abgestellt
A = in Ausbesserung im RAW
B = in Ausbesserung im Bw
L = Lokomotivkilometer im Monat
G = Gesamt-Lokkilometer

| | b | k | A | B | L (km) | G (km) |
|---|---|---|---|---|---|---|
| **1935** | | | | | | |
| Mai (Rest) | 2 | | | | 446 | 446 |
| Juni | 8 | 13 | | | 2324 | 2770 |
| Juli | ? | ? | | | – | – |
| August | 2 | 29 | | | 658 | 3428 |
| September | 2 | 28 | | | 640 | 4068 |
| Oktober | 1 | 30 | | | 329 | 4397 |
| November | 4 | 26 | | | 946 | 5343 |
| Dezember | 5 | 26 | | | 1175 | 6518 |
| **1936** | | | | | | |
| Januar | 8 | 23 | | | 2584 | 9102 |
| Februar | 6 | 23 | | | 2006 | 11 108 |
| März | 10 | 21 | | | 3645 | 14 753 |
| April | 11 | 19 | | | 5157 | 19 910 |
| Mai (LVA) | 4 | 9 | | | 995 | 20 905 |
| Mai (Dre) | 17 | | | 1 | 12 239 | 33 144 |
| Juni | 13 | 2 | 14 | 1 | 9748 | 42 892 |
| Juli | | | 31 | | – | – |
| August | 13 | 13 | 5 | | 8365 | 51 256 |
| September | 26 | 2 | | 2 | 17 279 | 68 536 |
| Oktober | | 1 | 29 | 1 | 238 | 68 774 |
| November | 5 | 2 | 22 | 1 | 3162 | 71 936 |
| Dezember | 16 | 10 | | 5 | 10 464 | 82 400 |
| **1937** | | | | | | |
| Januar | 8 | 22 | | 1 | 5020 | 87 420 |
| Februar | 23 | 2 | | 3 | 15 516 | 102 936 |
| März | 18 | 7 | 3 | 3 | 11 930 | 114 866 |
| April | 24 | 3 | | 3 | 17 368 | 132 234 |
| Mai | 12 | | 18 | 1 | 9167 | 141 402 |
| Juni | | | 30 | | – | – |
| Juli | | | 31 | | – | – |
| August | | | 31 | | – | – |
| September | | | 30 | | – | – |
| Oktober | 7 | | 24 | | 4615 | 146 017 |
| November | 5 | 24 | | 1 | 2084 | 148 101 |
| Dezember | 21 | 8 | | 2 | 14 902 | 163 003 |

| | b | k | A | B | L (km) | G (km) |
|---|---|---|---|---|---|---|
| **1938** | | | | | | |
| Januar | 26 | | 5 | | 18175 | 181178 |
| Februar | 10 | | 15* | 1 | 7158 | 188336 |
| März | 11 | 1 | 18 | 1 | 7142 | 195478 |
| April | 23 | | | 7 | 16291 | 211769 |
| Mai | 28 | | | 3 | 19629 | 231398 |
| Juni | 17 | | 10* | | 11141 | 242539 |
| Juli | | | 22* ** | | – | – |
| August | | | 27** | | – | – |
| September | | | 20** | | – | – |
| Oktober | 10 | | 20 | 1 | 5790 | 248329 |
| November | 13 | 1 | 14** | | 6853 | 255182 |
| Dezember | | | 12** | | – | – |
| **1939** | | | | | | |
| Januar | | | ** | | – | – |
| Februar | | | 8** | | – | – |
| März | | | 10** | | – | – |
| April | 19 | 3 | 4 | 4 | 11145 | 266329 |
| Mai | 27 | 2 | | 2 | 17028 | 283355 |
| Juni | 15 | 3 | 12** | | 11034 | 294389 |
| Juli | 13 | 3 | * ** | 13 | 7453 | 301842 |
| August | 21 | 7 | | 3 | 12133 | 313975 |
| September | | | ** | | – | – |
| Oktober | | | ** | | – | – |
| November | | | 8** | | – | – |
| Dezember | | | 31 | | – | – |

* = die zum vollen Monat fehlenden Tage: Warten auf Aufnahme ins RAW

** = die zum vollen Monat fehlenden Tage: von der Ausbesserung zurückgestellt.

kaum einen Monat nach Dienstantritt in Dresden. Ein gewisser Unmut der Sachsen machte sich nicht nur in einem geharnischten Bericht an das Zentralamt, sondern auch in der Ausbesserungsmeldung Luft. Da sollte der mehrfach gerissene mittlere untere Wasserkasten erneuert werden, der Funkenkorb, der Aschkasten und der Kipprost klemmten, die Bremsstellmuttern hingegen lösten sich, die Bremsklötze der hinteren Kuppelachse schleiften, die Speisepumpe förderte ungenügend, das Pyrometer zeigte falsch an, die elektrische Kabelkupplung der Schaku versagte öfters den Dienst, und schließlich glänzte die Stromlinienverkleidung durch lose Niete und Schrauben, auch durch wackelnde Verschlüsse, so daß sich während der Fahrt gern der Kohlenkastendeckel öffnete. Der Kilometerstand lag jetzt bei 42976 km.

Am 6. August 1936 kehrte die Lok in den Betrieb zurück, doch die Dresdner Beschwerden blieben fast unverändert. Am 30. September 1936 wurde sie erneut dem Ausbesserungswerk gemeldet mit der Bitte, das Feuerloch in Ordnung zu bringen, das Pyrometer endlich auszuwechseln, die Speisepumpe und die Druckausgleicher nochmals zu prüfen, die losen Niete, Schrauben und Klappen der Verkleidung wirklich zu ersetzen und die elektrische Anlage zu überholen.

Freie Fahrt für den Henschel-Wegmann-Zug. Aufnahmeort unbekannt.
(Foto: Kreutzer)

**Vor der Fahrt in das Raw Brandenburg-West prüften jetzt die Grunewalder Meßzugleute die Beanstandungen nach** (3. bis 8. Oktober 1936); auch anschließend an diese L 0 kam die Lok vom 8. bis 23. November 1936 wieder zur Versuchsabteilung. In Dresden begann man, sich an den Zustand ohne die Schnellfahrlokomotive zu gewöhnen.
Erneut fehlte sie dem Betrieb für die Dauer der folgenden Untersuchung L 2 ab Mai bis Oktober 1937. Nicht aufgeklärt werden konnte der Unfall, welcher anläßlich der L 3 im Herbst 1938 behoben wurde. Dann mußte der Kessel vorfristig der Hauptuntersuchung zugeführt werden, weil sein Zustand – zwei Risse – es erforderte. Diese Reparatur dauerte von Dezember 1938 bis April 1939. Gerade am ersten Kriegstag, am 1. September 1939, lief die Maschine das Ausbesserungswerk erneut an, um ihre nächste L 2 zu erhalten.

## Die Lok 61 001 im Zweiten Weltkrieg

Nun wußte man mit der Spezialmaschine nicht so recht weiter und gab sie, deren schöne Gußschilder bald dem Heimstoff Aluminium weichen mußten, im Januar und im Oktober/November 1940 wieder einmal nach Grunewald ab. Vorheizen im dortigen Raw war ihre Aufgabe.
Doch schon die nächste Ausbesserung (Riß im Langkessel) wurde als Eilbestellung mit Lokmangel begründet, da nun ihre dienstliche Verwendung im Schnellzugdienst sei (Februar 1941). Die letzte Grunewalder Episode war mit dem 12. Dezember 1940

beendet gewesen, die Maschine 61 001 nach Dresden Altstadt zurückgekehrt.
An einen sinnvollen Einsatz war freilich nicht zu denken. Während der Kriegszeit wurde mehrfach von einer Verlängerung ihrer Untersuchungsfristen durch Anrechnung von Abstelltagen Gebrauch gemacht, die sie auf Ausstellungen oder sonst kalt gewesen war. Im Zeichen des stetig wachsenden Lokmangels erhielt sie im November 1942 die normale Schraubenkupplung; zu nennenswerten Laufleistungen kam es gleichwohl nicht.
Durch die Kriegsvorgänge änderte sich nun auch die Unterhaltungszuständigkeit. Überraschenderweise gehörte die Maschine bisher nämlich nicht, wie etwa die Reihe 05, zum Bestand des Raw Braunschweig, sondern war, von der einmaligen Aushilfe durch Raw Halle im März 1937 abgesehen, stets vom Raw Brandenburg-West (Kirchmöser) ausgebessert worden. Weil dort nun eine Panzerfabrikation aufgezogen werden sollte, gelangte die Lok 61 001 zu Reparaturen fortan nach Braunschweig. Im Februar 1943 erschien sie dort zum ersten Male; im Herbst 1943 wurde dort auch die Zwischenuntersuchung am Kessel ausgeführt.
Auf ihre Anfälligkeit und auf den Unterhaltungsplan war es endlich zurückzuführen, daß die Lokomotive 61 001 – im Gegensatz zu ihrer Schwestermaschine 61 002 – in einer westlichen Besatzungszone verblieben ist. Nach der Ausbesserung L 0 vom November 1944 bis 24. Januar 1945 behielt man sie nämlich zu der fälligen L 2 ab 25. Januar 1945 gleich in Braunschweig. Als auch diese Ausbesserung am 30. Juni 1945 vorüber war, lag Braunschweig in der britischen Zone, und an eine Abgabe der Lok nach Dresden war nicht mehr zu denken.
Nun fehlen für etwa 40 000 km, die bis Januar 1946 im Raume Hannover abgeleistet wurden, begreiflicherweise nähere Angaben. Ab dem 11. März 1946 war die Lokomotive dem Bw Hannover Ost zugeteilt, von wo sie per 23. Oktober 1948 nach Bielefeld überwechselte. Für ihre Unterhaltung war fortan die Nebenwerkstätte Minden zuständig, doch wurden hier nur noch Auslaufarbeiten vorgenommen. Über die Nachkriegsverwendung der Lok wird noch gesondert berichtet.

**Untersuchungen und Ausbesserungen**
**30. Januar bis 21. Februar 1936:**
**Zwischenausbesserung L 2**
4 Laufachs-Radreifen nachgedreht, Laufachsschenkel geschliffen. Die mitgelieferten ausgegossenen Treibstangenlager fertig bearbeitet. Linke Gleitbahn erneuert, rechte geschliffen. Druckausgleicher, Bremszylinder und Luftleitung, Dampfventil zur Speisepumpe wiederhergestellt. Hintere Heizkupplung verlegt.
Kosten: 2593 RM.

**17. Juni bis 5. August 1936:**
**Zwischenausbesserung L 2**
Führerhaus durch einen Winkel verstärkt. Sämtliche Achsen Radreifen nachgedreht. Schmierung der Laufachsen geändert. Kolben und Zylinder hergestellt. Kuppelstangenlager mit Schleudereinguß erneuert. 1 Rahmenverbindung angebaut. Wasserkasten erneuert. Stangen (Bremsgestänge), Bremse und Federspannschraube wiederhergestellt. Versteifung der Stromlinienverkleidung angebaut.
Kosten: 8317 RM.

**9. Oktober bis 6. November 1936:**
**Bedarfsausbesserung L 0**
Vordere Laufachse vom hinteren Drehgestell nachgedreht. Druckausgleicher, Druckmesser für Wasserpumpe, Schlingerstück, 1 Bremsbalken, Ölrohr für Kolbenstangen, Bekleidung und Klappenverschlüsse, Schwimmer und Dampfpfeifenzug wiederhergestellt. Pyrometer ausgewechselt. Feuerlochschutzring erneuert. Feuertür wiederhergestellt.
Kosten: 1559 RM.

**4. Dezember 1936:**
**Ausbesserung im Bw**
Überhitzrohrsätze gedichtet.

**10. und 19. Februar 1937:**
**Ausbesserung im Bw**
Beide Kesselsicherheitsventile ausgewechselt.

Schlingerstück-Gleitplatten erneuert. Kipprost ausgebessert. Fliehkraftreglerwelle, Luftpumpenregler, Druckausgleicher ausgewechselt. Hinteren Druckübersetzer ausgebessert.

**23. März bis 25. März 1937:**
**Bedarfsausbesserung L 0**
Schieberbuchsen ausgeschliffen und Kolbenschieberringe erneuert. Überhitzereinheiten ausgebessert.
Kosten: 1011 RM.

**14. Mai bis 25. Oktober 1937:**
**Zwischenausbesserung L 2**
Sämtliche Achslager neu aufgearbeitet. An Treib- und Kuppel- und 2 vorderen Laufachsen die Radreifen nachgedreht. An 2 hinteren Laufachsen die Radreifen erneuert. Beide hinteren Treibstangenlager und rechtes hinteres Kuppelstangenlager haben neue Schleudereingüsse erhalten. Kolben und Zylinder hergestellt. Kolbenkörper neu. Die Bremsklotzschuhe sind aufgearbeitet, um ein Herausrutschen der Nasenkeile zu verhindern. Am Wasserkasten zwischen dem Rahmen am Befestigungswinkel 4 Verstärkungsplatten angenietet. Zylinderbuchsen und Gleitbahnen geschliffen. Bremsuntersuchung ausgeführt. Druckausgleicher, Bremse, Wasserkästen, Bekleidungsbleche, Schwimmergestänge, Schmierpumpenträger, Scharfenbergkupplung, linkes Einströmrohr, Schlingerstück, Dampfpfeifenzug wiederhergestellt. Schürgeräterohr und Bekleidungsausschnitt für Sicherheitsventile geändert. Klappen in der Bekleidung für Abnehmen der Druckausgleicher angebaut. Luftrohre für Druckausgleicher verlegt und befestigt. Im Rauchkammervorbau Halter für Ölkannen angebaut. 2 Druckminderventile in der Luftleitung eingebaut. Wasserpumpendampfventil mit dem linken Lichtmaschinendampfventil gewechselt. Bekleidungsausschnitt für Verteilerkasten vergrößert. Lichtanlage geändert.
42 Heizrohre ausgewechselt. 1 Rauchkammertürvorreiber zusätzlich angebaut. 33 Rauch- und

In Plakaten und anderen Werbemitteln der dreißiger Jahre tauchte die Stromlinien-Tenderlok immer wieder auf, so auch auf der Gedenkmünze „100 Jahre Deutsche Eisenbahnen". Wiedergabe nach dem Reichsbahn-Kalender 1936.
(Verkehrsmuseum)

Nochmals der „Tender" der Lok 61001 mit dem ersten, nur wenige Wochen vorhandenen Anstrich, nun nach einem Kalenderblatt.
(Verkehrsmuseum)

Reichsbahn und Technik

Formensprache der Eisenbahntechnik

Die moderne Technik hat Zweckformen geschaffen, die aus der Anwendung der Naturgesetze entsprungen sind. Der Ingenieur hat die Aufgabe, aus der Kenntnis dieser Gesetze heraus seine schöpferischen Gedanken durch die Konstruktion Wirklichkeit werden zu lassen und so dem Stoff Form und Gestalt zu geben. Seine Werke werden mit dem Ziele höchsten Wirkungsgrades, d. h. höchster Leistung bei geringstem Aufwande, geschaffen, seine Arbeit gilt der Meisterung der Kräfte. Diese Zielsetzung fordert, Widerstände herabzumindern, Tragkräfte und Triebkräfte zu erhöhen. Aber dies nicht allein bestimmt die Gestalt ingenieurmäßiger Gebilde, auch die Eigenschaften der Baustoffe sind mitbestimmend, denen man nur Kräfte zuweisen darf, die sie aufnehmen können. In den modernen Meisterwerken der Brückenbaukunst und des Maschinenbaues sehen wir Spitzenleistungen derart ingenieurmäßigen Denkens. Durch Instinkt, Erfahrung und Denkkraft ist im Menschen, auch wenn er nicht Ingenieur ist, ein natürliches Gefühl für Statik und Dynamik herangereift. Und so kommt es, daß wir solche Gebilde, die sich widerspruchslos in die Naturgesetze einfügen, aus dem Gefühl für ihre Zweckbestimmung heraus schön finden.

Das Gesicht des Stromliniendampfzuges
Bild: W. Stelzer, Berlin

März 1936

| 9 Montag | 10 Dienstag | 11 Mittwoch |
|---|---|---|
| SA 6.29 MA 19.43 | SA 6.26 MA 20.51 | SA 6.24 MA 22.01 |
| SU 17.53 MU 6.19 | SU 17.55 MU 6.34 | SU 17.57 MU 6,49 |

Deutscher Reichsbahn-Kalender

47 Heizrohre, 745 Stehbolzen gedichtet. Ventilregler, Überhitzerelemente, Rauchkammertür und Aschkasten wiederhergestellt. Kipprost und Aschkastenspritzeinrichtung geändert.
Kosten: 22533 RM.

**14. Februar bis 18. März 1938:**
**Bedarfsausbesserung L 0**
Treibstangenlager mit Dünnguß erneuert. Das alte Tr.-Lager verstärkt und nachgearbeitet. Kolben und Zylinder hergestellt, Bremsuntersuchung ausgeführt. Rechtes vorderes Sandstreurohr erneuert. Überhitzerelemente, Sicherheitsventile und Aschkasten wiederhergestellt.
Kosten: 3930 RM.

**9. Juni bis 21. Juni 1938:**
**Ausbesserung im Bw**
Linken oberen Wasserkasten Flick angebracht, desgleichen Boden elektrisch geschweißt. 20 Rauchrohre, 17 Heizrohre angeschweißt. 3 Überhitzereinheiten erneuert.

**4. Juli bis 21. Oktober 1938:**
**Zwischenuntersuchung L 3**
Sämtliche Achslager mit WM 80 ausgegossen. Beide hinteren Kuppelstangen und Lager sowie Treibstangenlager erneuert. Die übrigen Lager blieben alt, es wurden auch keine Eingüsse erneuert. Entlüftung auf dem Führerstand angebracht. Dampfzylinder ausgebohrt. Bremsuntersuchung ausgeführt. Bekleidungsbleche wiederhergestellt. Am Wasserkasten 1 Boden- und 1 Seitenflicken neu. Am unteren Wasserkasten 6 Unterstützungsplatten neu. Unfallschäden beseitigt.
33 Rauch- und 88 Heizrohre, 312 Stehbolzen, 4 Bodenankerstehbolzen, 2 Deckenstehbolzen ausgewechselt, 33 Rauchrohrgewindebuchsen eingezogen. 1279 Stehbolzen, 2 Meter Naht gedichtet, Überhitzerelemente, Aschkasten, Ventilregler, Rauchkammertür, Armatur und Reglerhebelwerk wiederhergestellt.
Kosten: 31330 RM.

**8. November bis 24. November 1938:**
**Bedarfsausbesserung L 0**
Bei sämtlichen Treib- und Kuppelachsen die Radreifen nachgedreht. Treib- und Kuppelachslager aufgearbeitet. Pyrometer ausgewechselt. Schutzkasten für Steuerstange geändert. Im Rauchkammervorbau neue Klappe eingebaut und Leiter geändert. Am linken Wasserkasten schadhafte Gelenkbänder der Verkleidungsklappen und Speiserohrflansch wiederhergestellt.
Kosten: 1264 RM.

**1. Dezember 1938 bis 5. April 1939:**
**Bedarfsausbesserung L 0**
Bremsuntersuchung ausgeführt. Wegen größerer Schäden wurde der Kessel aus- und eingebaut. Hauptuntersuchung K 4. Dabei 56 Niete im Bodenring, 86 im Stehkessel und 308 im Langkessel neu eingezogen. Armatur wiederhergestellt. Stehkesselvorderwand (18 cm langer Riß) erneuert. Füllhahnstück neu eingeschweißt. 4 Lukenöffnungen untergeschweißt. Rippenstifte angeschweißt. Kleinere Anrisse am Blechanker an der Rk.-Rohrwand ausgekreuzt und verschweißt. 4 Pendelwinkel neu aufgenietet. An der rechten Seite am Boden des Langkessels ein 15 cm langer Riß ausgekreuzt und verschweißt. Alle Rauch- und Heizrohre, 167 Stehbolzen, 15 Bodenanker ausgewechselt. Umfangreiche weitere Kesselarbeiten. Druckprobe mit 20 atü.
Kosten: 17724 RM.

**2. Juni bis 9. Juni 1939:**
**Ausbesserung im Bw**
Rechten vorderen Kolbenschieberkörper erneuert.

**21. Juli bis 26. Juli 1939:**
**Ausbesserung im Bw**
3. Laufachse Radreifen nachgedreht. Linke Dampfkolbenstange geschliffen, ebenso linke Gleitbahn. Gleitplatten erneuert.

**1. September 1939 bis 1. Januar 1940:**
**Zwischenausbesserung L 2**
6 Buchsenlager, rechte und linke Treiblager mit Dünnausguß. 1 Schwingenstein, 2 Führungssteine, 4 Schieberbuchsen und sämtliche Achslager aufgearbeitet. Kolbenträger mit Sicherungsblechen ausgerüstet. Kolbenringe neu. 1/1 gußeiserne Stopfbuchse, 75 m Metallschlauch neu. Zylinder ausgebohrt, Gleitbahnen geschliffen. Aschkasten, Wasserkasten, Triebwerksverkleidung wiederhergestellt. Bremsuntersuchung. Lokomotive verwogen. Alle Rauch- und Heizrohre nachgewalzt, 951 Stehbolzen gedichtet. 2 Deckenanker und 2 Umkehrenden für Überhitzerelemente neu.
Kosten: 14920 RM.

**7. Februar bis 29. Februar 1940:**
**Bedarfsausbesserung L 0**
Luft- und Speisepumpen wiederhergestellt. 1 Dampf- und 1 Wasserzylinder neu.
Kosten: 1843 RM.

**23. April bis 24. September 1940:**
**Bedarfsausbesserung L 0**
Zylinderentwässerungsventile und sämtliche Armaturteile nachgedichtet, Schilder aus Leichtmetall angebracht, alle übrigen Schäden beseitigt. Stehbolzen gedichtet, Kessel ausgewaschen. Kesselsicherheitsventile aufgearbeitet. Rauchkammertürblech erneuert.
Kosten: 2147 RM.

**3. März bis 10. April 1941:**
**Bedarfsausbesserung L 0**
Schwingenträger geschweißt. 19 Rauch- und 70 Heizrohre, 7 Deckenanker, 28 Niete ausgewechselt. Am 2. Kesselschuß neue Flicken angebracht, sämtliche Undichtigkeiten beseitigt. (Ursache: am vorderen linken Wasserkastenträger Riß von 4 cm Länge im Kesselblech).
Kosten: 4641 RM.

Die Lokomotive 61001 im Zustand des Jahres 1942, nun mit Schraubenkupplung, Aluminiumschildern und grauem Anstrich. (Foto: Hubert)

**3. September bis 7. November 1942:**
**Bedarfsausbesserung L 0**
Die Scharfenbergkupplung gegen Normalkupplung ausgetauscht. 7 Deckenstehbolzen ausgewechselt, 7 gedichtet.
Kosten: 1940 RM.

**2. Februar bis 20. Februar 1943:**
**Bedarfsausbesserung L 0**
Kolben, Schieber und Steuerung sowie 1 Strahlpumpe wiederhergestellt. 10 Kolben- und 16 Schieberringe erneuert. 2 Kolbenstangen geschliffen, 6 Tragbuchsen ausgegossen. Wasserkastenboden durch Schweißen gedichtet. 5 Deckenstehbolzen ausgewechselt.
Kosten: 2305 RM.

**7. September bis 1. Dezember 1943:**
**Zwischenuntersuchung L 3 (m. W.)**
Vordere Laufradsätze neu bereift. Die übrigen Radreifen nachgedreht. Achslager seitlich aufgetragen und nachgepaßt, Stangenlager dünnwandig mit WM 80 ausgeschleudert. 2 Kreuzkopflager und 10 Kolbenringe erneuert. Unteren Wasserkasten gedichtet. Luft- und Speisepumpen ausgewechselt. Induktive Zugbeeinflussungsanlage ausgebaut. Feuerbüchsrückwand, Ecke am Bodenring autogen aufgearbeitet, 7 Lukenfutter genormt und elektrisch eingeschweißt. Alle Heiz- und Rauchrohre ausgewechselt und vorgeschuht. 656 Seiten-, 220 Deckenstehbolzen und 26 Bodenringniete erneuert. Druckprobe mit 25 atü, Sicherheitsventile auf 20 atü eingestellt.
Kosten: 29174 RM.

**22. November 1944 bis 24. Januar 1945:**
**Bedarfsausbesserung L 0**
Bremse und Steuerung teilweise, Kolben und Zylinder wiederhergestellt. 10 Kolbenringe erneuert. Speisepumpe ausgewechselt. 1 Riß an Stehkessel-Vorderwand elektrisch geschweißt. Rauch- und Heizrohre sowie 350 Stehbolzen gedichtet. Kipprost und Aschkasten wiederhergestellt.
Kosten: 5602 RM.

**25. Januar bis 30. Juni 1945:**
**Zwischenausbesserung L 2**
Sämtliche Achslager nachgepaßt. Bremsuntersuchung ausgeführt. 2 gekümpelte Lukenflicken an der Stehkesselvorderwand elektrisch einge-

schweißt und mit den Seitenwänden durch Nietschrauben verbunden. 30 Stehbolzen, 8 Hohlstehbolzen, 6 Bodenankerstehbolzen und 4 Lukenfutter erneuert. Alle Rauch- und Heizrohre ausgewechselt, alle Elemente wiederhergestellt.
Kosten: 14512 RM.

**28. Januar bis 11. März 1946:**
**Zwischenausbesserung L 2**
Laufradreifen nachgedreht. Achs- und Stangenlager mit WM 80 ausgegossen. 2 Kreuzkopflager erneuert. Bremse, Ausgleich, Steuerung, Kolben und Schieber wiederhergestellt. Luft- und Speisepumpe ausgewechselt. Elemente, Regler und Aschkasten wiederhergestellt. 2 Schmelzpfropfen eingebaut. N–W-Abstand nachgemessen.
Kosten: 11955 RM.

**23. Juli bis 30. August 1946:**
**Bedarfsausbesserung L 0**
33 Überhitzer-, 12 Rauch- und 12 Heizrohre ausgewechselt. Reglerrohr erneuert. Sammelkasten, Regler, Knierohr und Rauchkammertür wiederhergestellt.
Kosten: 4049 RM.

**5. Mai bis 7. Mai 1947:**
**Ausbesserung im Bw**
Bremsuntersuchung ausgeführt.

**20. Oktober 1947 bis 20. Februar 1948:**
**Hauptuntersuchung L 4 (o. Fbw.)**
Radsätze neu bereift. Achslager seitlich aufgetragen und nachgepaßt. Stangenlager mit WM 80 ausgegossen. Kreuzkopf, 1 Treib- und 4 kleine Kuppelstangenlager, Kolbenringe, Kreuzkopf, Schieber und Achslagergleitplatten sowie Einströmrohre erneuert. Beide Dampfzylinder ausgedreht. 1 Anbruchstelle an der Verstärkungsrippe der kurzen Speiche am Zapfen des Treibradsatzes rechts elektrisch geschweißt. Anrostungen im Langkessel und am Boden des Schlammsammlers elektrisch aufgeschweißt. Streifenflicken an der Rk.-Rohrwand, Lukenflikken am Stehkesselrücken, Stehkessel-Seitenwandflicken links hinten eingeschweißt. Streifenflicken am Rk.-Mantel neben den Einströmrohrlöchern aufgeschweißt. Blechanker an Stehkesselrück- und Rauchkammerrohrwand neu. Umbug der Feuerbüchsrohrwand gerichtet und Anrisse aufgeschweißt. Stehkessel-Vorderwandnaht nachgestemmt, Nietschrauben durch Niete ersetzt. 168 Stehbolzen, 5 Bodenanker und 8 Hohlstehbolzen, 2 Schmelzpfropfen, alle Heiz- und Rauchrohre ausgewechselt. 165 alte Stehbolzen autogen geschweißt. Rauch- und Heizrohrlöcher aufgebohrt, Rauchrohrbuchsen in der Fb.-Rohrwand erneuert. 11 Lukenfutter neu. Druckprobe 25 atü.
Kosten: 41468 RM.

**21. Mai bis 4. Juni 1948:**
**Bedarfsausbesserung L 0**
Vorderen Wasserkasten erneuert.
Kosten: 1898 RM.

**22. November 1948 bis 29. Januar 1949:**
**Bedarfsausbesserung L 0**
Bremsuntersuchung. Bremse von Hildebrandt-Knorr auf Kunze-Knorr umgebaut. Ventilregler, Überhitzerelemente, Aschkasten und Armaturen aufgearbeitet.
Kosten: 5282 RM.

**20. Juli bis 17. November 1950:**
**Bedarfsausbesserung L 0**
Luftpumpendruckregler ausgewechselt. Äußere Steuerung überprüft. Lok reguliert. Tragfeder ausgewechselt. Undichtigkeiten im Tenderboden beseitigt. Dampfkolben untersucht. Überhitzer aufgearbeitet. Alle Rauch- und Heizrohre ausgewechselt. Druckausgleicher aufgearbeitet. Sicherheitsventile ausgewechselt. 812 undichte Stehbolzen nachgedornt. Schmelzpfropfen ausgewechselt.
Kosten: 8156,36 DM.

# Kapitel 7: Henschel-Projekte zur Schnellfahr-Tenderlokomotive von 1936

Bereits bei Beschreibung der Lokomotive 61 001 ist deutlich geworden, daß die Pläne zum Bau einer weiteren Maschine wenigstens bis in den Mai 1935 zurückreichen. Die Gründe dafür sind bekannt: Gewisse erwartete und eingetretene Schwierigkeiten mit der Prototype ließen den Wunsch nach Verbesserung der Konstruktion entstehen, und der Betrieb verlangte einfach ein weiteres Exemplar, um von den Vertretungen durch Reihe 01 und 03 loszukommen. So war der Auftrag über eine weitere Schnellfahr-Tenderlok seitens der Reichsbahn eigentlich nur noch eine Frage ihrer Finanzen.
Noch etwas kam hinzu, nämlich der Wunsch, die Fortentwicklung „des Dampfes" nicht stillstehen zu lassen, um bei größeren Problemen mit den Dieselzügen nicht ohne Alternative dazustehen. Gerade hatte angesichts weiterer Bestellungen von SVT-Wagen für die Reichsbahn das Vereinsblatt der Regierungsbaumeister auf die Ausfälle von Kurbelwellenlagerungen bei vielen holländischen Zügen mit dem Maybach-Motor aufmerksam gemacht und einen Spottvers gebracht, der auf den zuständigen Dezernenten gemünzt war:

*„Doch hat er nicht, wie es mir scheint,*
*Nach Niederland gesehen.*
*Fast vierzig steh'n im Tod vereint*
*Von Wagen die nicht gehn."*

Daß diese Pannen, die für Maybach recht gefährlich wurden, bald überwunden werden konnten, war der unermüdlichen Arbeit seines Oberingenieurs Lang zu verdanken.
Für einen ambitionierten Lokomotivkonstrukteur boten sich hier also dankbare Aufgaben. So stehen unter den Studien, die vor dem Bau einer Schwestermaschine für die 61 001 verfaßt worden sind, zwei Vorschläge aus der Projektabteilung von Kurt Ewald bei Henschel vornan.
Die Projektabteilung hatte die Aufgabe, den Vorstellungen der Kunden nachzugehen und ihnen sodann in Form eines Angebots die gebührende Antwort zu erteilen. Kam es zum Vertrag, so war die Projektskizze von der eigentlichen Konstruktionsabteilung für Reichsbahnlokomotiven, also dem schon genannten TB 1, werkstattreif umzuarbeiten.
Mit großer Sorgfalt und mit regem Interesse nahm sich Ewald dieser Aufgabe an. Er hatte das Lokomotivbauhandwerk bei Hagans in Erfurt von der Pike auf gelernt, während der zwanziger Jahre bei der Hanomag seine Erfahrungen im Projektieren von Tagebaulokomotiven bis zu Garratt-Maschinen für Südafrika gesammelt, und war 1929 mit einer Disserta-

Dr.-Ing. Kurt Ewald (1895–1973), Leiter der Projektabteilung bei Henschel, vor einer von ihm bearbeiteten Lokomotive.

tion über vereinheitlichte Loksteuerungen zum Dr.-Ing. promoviert worden.
Bei Henschel hatte er sich, nachdem das Werk mit seinen Doble-Dampfmotoranlagen für Triebwagen der Reichsbahn und der Lübeck-Büchener Eisenbahn bereits in die Materie des Einzelachsantriebes durch schnellaufende Dampfmaschinen eingedrungen war, 1934 erstmals mit dem Entwurf einer nach diesen Prinzipien gebauten Streckenlok mit Schlepptender für höhere Geschwindigkeiten beschäftigt. Es handelte sich um die Reaktion auf die Einladung der Reichsbahn an einige Lokfabriken, angesichts der bei der schon bestellten Baureihe 05 zu erwartenden Probleme von Massenausgleich und Schmierung im Triebwerk auch Alternativen mit Einzelachs- oder Gruppenantrieb vorzuschlagen.
Zu Bestellungen des so entstandenen Entwurfs mit den Achsfolgen 2C2 und 2Co2 war es aber wegen der schwierigen Finanzlage nicht gekommen. Bei Henschel nahm man daher gern die Gelegenheit wahr, die seinerzeitigen Gedanken und Berechnungen doch noch sinnvoll anzuwenden, und legte bereits im Juni 1936 die hier wiedergegebenen Zeichnungen einer 2Co3-Schnellfahr-Tenderlok in Berlin vor, die zudem noch Kohlenstaubfeuerung und Kondensation aufweisen sollte. Mit der erstgenannten Einrichtung hatte das Werk, das gerade auch einen Plan über die Reihe 45 mit Staubfeuerung vorlegte, über die Arbeitsgemeinschaft „Stug“ zu tun, während die Kondensanlage soeben erfolgreich nach Argentinien, dem Irak und der Sowjetunion exportiert worden war.
Die für ihn bestimmenden Argumente hat Ewald bald darauf auch in den Henschel-Heften, Nr. 11/1936, zur Sprache gebracht, als er über „Gesichtspunkte für die Entwicklung von Schnellbahn-Dampflokomotiven“ berichtete.

*Der moderne Schnellverkehr der Schiene kennzeichnet sich durch restlose Ausnutzung aller technischen und organisatorischen Möglichkeiten. Die stillen Reserven des Fahrplanes, die man bisher für unvorhergesehene Verzögerungen einzusetzen pflegte, sind weggefallen oder doch auf ein geringstes Maß beschränkt. Die Schnellbahnzüge der Reichsbahn befahren jeden Streckenabschnitt mit der jeweils höchstmöglichen Geschwindigkeit. Die Aufenthalte der Schnelltriebwagen auf den Bahnhöfen sind denkbar kurz; selbst für so bedeutende Städte wie Hannover und Leipzig (Kopfbahnhof!) müssen Fahrtunterbrechungen von nur 1 bzw. 3 Minuten genügen.*
*Daß die Dampflokomotive trotz des Erfolges der Triebwagenzüge auch im Schnellverkehr eingesetzt werden muß, darüber besteht kein Zweifel mehr. Sie ist nach wie vor das gegebene Zugmittel für schwere Züge, die lange Strecken durchfahren und durch das Mitführen von Kurswagen, Post-, Gepäck- Schlaf- und Speisewagen, zuweilen auch Salonwagen, bedingt sind. Diese Züge bieten dem Reisenden größere Bequemlichkeiten, als es bei den Schnelltriebwagen ohne*

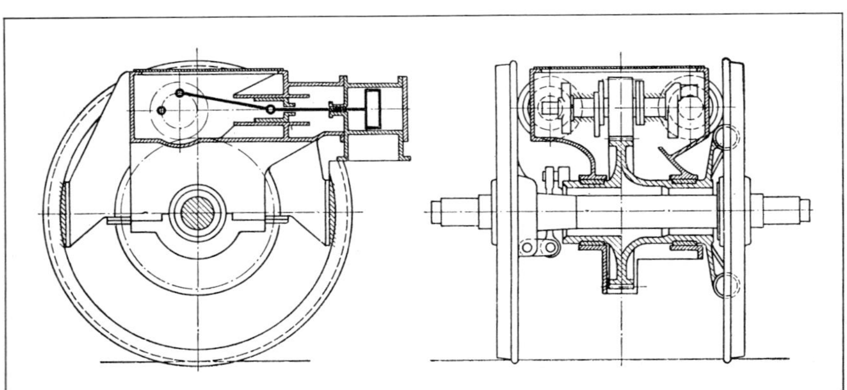

Schema des Dampfmotors nach Entwurf Dr. Ewald, wie er um 1933 vorgeschlagen wurde. Die rechte Zeichnung enthält Gelenkstangen (links) und Federtöpfe (rechts).

*erheblich höheren Kostenaufwand möglich ist. Wie das Beispiel des Henschel-Stromlinienzuges zeigt, hat der Dampfzug aber auch als leichte Einheit eine Lebensberechtigung neben dem Diesel-Triebzug.*
*Die Dampflokomotive hat ihre Eignung für höchste Fahrgeschwindigkeiten erwiesen. Die leichte Henschel-Stromlinien-Lokomotive der Reichsbahn hat 185, die schwere Stromlinien-Lokomotive Reihe 05 der Reichsbahn 201 Stundenkilometer erreicht. Die bekannten Vorzüge der Dampflokomotive – höchste Wirtschaftlichkeit und unübertroffen gute Anpassungsfähigkeit an die stets wechselnden Erfordernisse des Bahnbetriebes – sind im Schnellverkehr freilich nicht immer von ausschlaggebender Bedeutung, können unter Umständen sogar durch die in anderer Richtung liegenden vorteilhaften Eigenschaften des Schnelltriebwagens aufgewogen werden.*
*Der Schnellbahn-Betrieb verlangt hohes Beschleunigungsvermögen, hohe Leistung, geringes Gewicht und windschnittige Form. Er setzt ein Höchstmaß an Sicherheit voraus, das wiederum geringes Gewicht, ruhigen Lauf, Entlastung der Lokomotivmannschaft von schwerer körperlicher Arbeit und vorzügliche Bremseinrichtungen bedingt. Er fordert schließlich Verkürzung der Aufenthalte, mithin das Durchfahren langer Strecken ohne Ergänzung der Wasser- und Brennstoff-Vorräte. So schälen sich Gewicht, Beschleunigung und Sicherheit als Hauptprobleme heraus. Auf welche Weise vermag sie der Dampflokomotivbau zu meistern?*
*Die Gewichtsfrage ist ohne Zweifel die schwierigste von allen. Der dreiteilige dieselelektrische Schnelltriebzug der Reichsbahn weist ein Sitzplatzgewicht von 930 kg auf, der Henschel-Stromlinienzug ein solches von 1175 kg. Der anzustrebenden Verringerung des Gewichtes widersprechen die Forderungen der windschnittigen Form (Stromlinien-Verkleidung!), der großen Vorräte für lange Strecken, der zusätzlichen Sicherheits- Einrichtungen. Um so mehr muß danach getrachtet werden, durch die Verwendung von legierten Stählen, von hochwertigem Guß (Dampfzylinder aus Stahlguß!) und von Leichtmetall sowie durch weitgehende Anwendung des Schweißverfahrens das Gewicht so niedrig wie möglich zu halten. In dieser Hinsicht kann noch viel getan werden, wenn auch unter entsprechender Erhöhung der Gestehungskosten.*
*Die Hauptquellen des hohen Gewichtes sind im Kessel und in der Menge der mitzuführenden Vorräte zu suchen. Der übliche Großwasserraum-Röhrenkessel kennzeichnet sich geradezu durch hohen Gewichtsanspruch. Man muß ihn durch Anwendung möglichst hohen Druckes – 20 bis 25 atü – und mit Hilfe höchstwertiger Werkstoffe so leicht wie möglich bauen. Für Kessel, denen aus dem weiter unten angeführten Grund nur reines Kondensat zugeführt wird, ist gegebenenfalls eine Erhöhung der Heizflächen-Belastung über die bisher übliche Grenze von 57 kg Dampf je m² zuzulassen, womit ein weiterer Schritt zur Gewichtsverringerung getan wäre.*
*Wesentliche Ersparnisse stellt der Übergang zu grundsätzlich anderen Kesselbauarten in Aussicht. Die mit 60 atü betriebene Schmidt-Henschel-Hochdruck-Lokomotive H 17206 der Reichsbahn ist – obwohl nur eine erste Versuchsausführung – dienstfähig um rund 16 t leichter als die etwas leistungsfähigere Reihe 01. Der 150-PS-Röhren-Schnellverdampfer für 100 atü, wie er für die Henschel-Dampftriebwagen verwendet wird, wiegt bei Ölfeuerung dienstfähig nur 1500 kg, bei Kohlenfeuerung etwa 3200 kg; ein üblicher Lokomotivkessel gleicher Leistungsfähigkeit besitzt demgegenüber ein Dienstgewicht von rund 6500 kg. Eingehende Entwurfsarbeiten über die Kesselbauarten La Mont und Velox – Umwälzkessel mit hoher Heizflächen-Belastung – haben ergeben, daß sich für eine 1800-PS-Lokomotive eine Gewichtsersparnis von etwa 20 t erreichen läßt. Vorläufig kommen sie nur für Versuchszwecke in Betracht, denn sie lassen den für den Betrieb vielleicht wichtigsten Vorzug des üblichen Röhrenkessels, infolge der Steifigkeit seiner Bauart gegen Erschütterungen völlig unempfindlich zu sein, noch vermissen. So sind denn betriebstüchtige Schnellbahn-Lokomotiven vorerst noch nicht ohne die klassische Kesselbauart denkbar.*
*Eine überraschende Möglichkeit erheblicher Gewichtseinsparung bietet die Rückgewinnung des Speisewassers, wie sie Henschel ursprünglich für den Betrieb in wasserarmen Gegenden entwickelt und betriebsfähig gestaltet hat. Der Abdampf wird in Luftkühlern zu Wasser niedergeschlagen. Die Größe der Gewichtsersparnis läßt sich nur von Fall zu Fall beurteilen. Von einem bestimmten Punkt ab wächst sie mit der Länge der Strecke ohne zu tanken.*

*Beispielsweise sei erwähnt, daß eine für 600 km Streckenlänge vorgesehene Stromlinien-Tenderlokomotive von 1400 PS Leistung im Dienstgewicht – bezogen auf volle Vorräte – um rund 40 t leichter ausfallen kann als eine entsprechende Lokomotive ohne Speisewasser-Rückgewinnung. Eine derartige Ersparnis drängt um so mehr zur Einführung der Kondensation, als diese zusätzlich den Vorteil reinen Kessel-Speisewassers und damit größte Schonung des Kessels und wesentlich geringere Unterhaltungs- und Ausbesserungskosten mit sich bringt.*

*Der straffe Fahrplan des Schnellverkehrs verlangt auch von der Streckenlokomotive Beschleunigungen, wie sie bisher nur im Nahverkehr gefordert wurden. Die Dampflokomotive steht in dieser Hinsicht noch ihren Wettbewerbern nach; bei Anwendung von Hilfs-Antriebsmaschinen (Boostern) erreicht ihre Beschleunigung etwa 0,4 m/sec$^2$, während man bei elektrischen und Motorfahrzeugen zuweilen schon mit 1,0 m/sec$^2$ rechnet. Der ursächliche Mangel liegt in den stark wechselnden Tangentialdrücken und dem daraus folgernden recht ungleichförmigen Drehmoment der Kolbenlokomotive mit unmittelbarem Antrieb. Eine beträchtliche Verbesserung verspricht mittelbarer Antrieb durch schnelllaufenden Dampfmotor, der in seinen Auswirkungen dem Antrieb durch Diesel- oder Elektromotor ähnelt.*

*Es leuchtet ein: je höher die Drehzahl des Dampfmotors, je größer die Zahl der Zylinder und je größer die Übersetzung zwischen Dampfmotor und Treibrad, um so günstiger gestalten sich die Beschleunigungs-Verhältnisse. Baulich entwickelt sich der Antrieb am zwanglosesten, wenn man jede Achse durch einen besonderen Dampfmotor antreibt.*

*Unsere Skizze zeigt ein Beispiel für einen derartigen Einzelachs-Antrieb durch schnellaufenden Dampfmotor: Der Dampfmotor besteht aus zwei liegenden Dampfmaschinen, deren Kurbeln um 90° zu einander versetzt sind. Die Maschinen arbeiten auf eine gemeinsame Kurbelwelle, von der aus die Leistung über Zahnradgetriebe und Hohlwelle auf die Treibachse übertragen wird. Die durch das Federspiel bedingten*

*Relativbewegungen zwischen Hohlwelle und Treibachse werden durch Bauelemente berücksichtigt, die vom elektrischen Lokomotivbau her bekannt sind. Kurbelwelle und Hohlwelle sind in gemeinsamem Stahlgußstück gelagert, das seinerseits an den Lokomotivrahmen angeschraubt ist. Der ganze Antrieb liegt somit im abgefederten Teil der Lokomotive und wird weder durch das Federspiel noch durch die Schienenstöße beeinflußt.*

*Die Dampfmaschinen sind mit dem Zahnradgetriebe in gemeinsamem Gehäuse staub- und öldicht eingekapselt. Der Rahmen liegt außerhalb der Räder, so daß das Einzelachs-Aggregat ohne wesentliche Mühe als Ganzes nach unten ausgebaut und in kürzester Frist gegen einen Ersatzantrieb ausgewechselt werden kann. Die außen liegenden Treibachslager sind leicht zugänglich und können zur Verringerung des Laufwiderstandes als Hochleistungs-Gleitlager nach Peyinghaus oder als Wälzlager ausgebildet werden. Die Treibachsfedern liegen über den Achslagern außerhalb des Rahmens; die hochliegende, breite Federbasis ist günstig für das schnelle Durchfahren von Gleiskrümmungen. Verfeinerungen des Dampfmotors durch Verbundwirkung oder durch Erhöhung der Zylinderzahl auf drei, vier und mehr sind denkbar.*

*Neben hohem Beschleunigungsvermögen verleiht der Dampfmotor-Einzelachs-Antrieb der Dampflokomotive eine weitere wertvolle Eigenschaft: diejenige äußerst ruhigen Laufes. Die störenden Bewegungen sind denkbar gering und praktisch bedeutungslos geworden. Die freien Fliehkräfte sind klein, ihr Einfluß verteilt sich auf alle Lokomotivachsen, sodaß auch sie keine nennenswerte Wirkung mehr ausüben. Zudem läßt sich ein nahezu vollkommener Massenausgleich durch ein Paar gegeneinander laufender, durch Zahnräder miteinander gekuppelter Gewichte erzielen.*

*Damit wird die Dampflokomotive das elektrische und das Motorfahrzeug mit seinen vorzüglichen Laufeigenschaften eingeholt haben. Ruhiger Lauf ist zwar keine unbedingte Lebensfrage. Die störenden Bewegungen der Regelbauart haben sich auch bei höchsten Fahrgeschwindigkeiten in zulässigen Grenzen gehalten. Das Ganze ist eher eine Frage der Werbung für den Dampfbetrieb, die aber nicht unterschätzt werden darf, und für deren Lösung der Gleisfachmann dem Lokomotivbauer immerhin dankbar sein wird.*

*Damit haben wir bereits die Frage der Betriebssicherheit angeschnitten. Das Beobachten der Strecke und der Signale ist wohl die grundlegende Voraussetzung für die Sicherheit des Schnellverkehrs. Sie bedingt Entlastung des Personals von körperlicher Arbeit. Das Ziel ist vollautomatische Kesselregelung, wie sie für kleine Leistungs-Einheiten beim ölgefeuerten Henschel-Dampftriebwagen verwirklicht ist und für Kohlenfeuerungs-Anlagen entsprechender Leistung in absehbarer Zeit ausgereift sein dürfte.*

*Die Großlokomotive für Schnellverkehr muß sich vorerst mit halbautomatischen Kesselanlagen begnügen. Bei einem stündlichen Kohlenverbrauch von $2^1/_2$ bis 3 t an reicht die Arbeitskraft des Heizers an sich schon nicht aus und muß durch eine mechanische Beschikkung ersetzt werden. Ölfeuerung kommt für deutsche Verhältnisse nicht in Betracht. Kohlenstaub-Feuerung und Rostbeschickung durch Stoker aber bieten jetzt schon erfreuliche Möglichkeiten, dem gesteckten Ziel näher zu kommen.*

*Die Höhenlage des Lokomotivkessels ist mit dem Übergang zu höchsten Fahrgeschwindigkeiten Gegenstand leidenschaftlicher Kritik geworden. Der seit Jahrzehnten geheiligte Grundsatz hoher Kessellage schien seine Berechtigung verloren zu haben. Ausgehend von den beim Straßenfahrzeug gemachten Beobachtungen wurde von vielen Seiten ein möglichst niedrig liegender Schwerpunkt gefordert. Es hat sich herausgestellt, daß beim Schienenfahrzeug die Furcht vor hoher Schwerpunktslage unbegründet ist. Nach Wagner liegt die Kippgeschwindigkeit der Reichsbahn-Stromlinien-Lokomotive Reihe 05 für den engsten ohne Geschwindigkeitsbeschränkung zu durchfahrenden Gleisbogen mit 234 km/h „in unerreichbarer Höhe". Nach wie vor können erfreulicherweise die konstruktiven Vorzüge hoher Kessellage ausgenutzt werden.*

*Noch nicht restlos gelöst ist die Frage der Abbremsung*

Bei der Ankunft des D 54 in Dresden, 1936.
(Foto: Bellingrodt)

*des Zuges bei höchsten Fahrgeschwindigkeiten. Für Schnellbahn-Lokomotiven kommen nach den bisher bekannt gewordenen Erfahrungen wohl in der Hauptsache nur Doppelklotzbremsen in Betracht, wobei sämtliche Achsen gebremst werden.*
*Die mit Klotzbremsen erreichten mittleren Verzögerungen betragen etwa 1 m/sec². Bei den neuesten Ausführungen sind höhere Werte erzielt worden. Angestrebt wird 1,5 m/sec². Eine jüngere Berechnung erweist den ungünstigen Einfluß hohen Achsdruckes, legt also dar, daß die Bremsfrage bei den hochbelasteten Lokomotiv-Treibachsen schwieriger zu lösen ist als bei den mit nur etwa 13 t belasteten Achsen der Schnelltriebwagen.*
*Die Stromlinien-Dampflokomotiven der Reichsbahn besitzen einen höchsten Treibachsdruck von 18,8 t; die Treibachsen werden mit 180 Prozent des Achsdruckes abgebremst, der gesamte Klotzdruck je Achse beträgt demnach im Höchstfalle 33 900 kg, der von einem Bremsklotz ausgeübte Höchstdruck 8450 kg. Dieser Wert von 8450 kg dürfte nach den bisherigen Erfahrungen die Grenzbelastung sein, die man Rad und Bremsklotz ohne Gefährdung der Betriebssicherheit zumuten darf.*
*Werden aber höhere Werte gefordert, dann muß die Klotzbremse durch eine Bremse grundsätzlich anderer Wirkungsweise ergänzt werden. Eingebürgert hat sich bereits die Magnet-Schienenbremse, die allerdings – damit eine unzulässige Abnutzung der Schienen verhütet wird – nur im Falle der Gefahr angewendet werden soll. Eine für Betriebsbremsungen geeignete zusätzliche Schnellbahnbremse ist noch nicht geschaffen. Denkbar ist eine elektrische Widerstandsbremse, bei der die lebendige Kraft der bewegten Lokomotive für die Erzeugung des erforderlichen Stromes ausgenutzt wird, und die sich selbsttätig ausschaltet, sobald die Klotzbremse der Unterstützung nicht mehr bedarf.*
*Man darf jedoch mit der Schnellbahn-Dampflokomotive nicht warten, bis die Bremsfrage gelöst ist. Eine erfolgverbürgende Maßnahme ist in der Beschränkung des Achsdruckes auf 12 bis 14 t zu erblicken, wobei die Anzahl der Treibachsen entprechend erhöht werden müßte. Nach oben ist die Treibachs-Zahl praktisch unbegrenzt; in der – von Henschel aus anderen Gründen mit Erfolg verschiedentlich ausgeführten – Gelenk-Lokomotive nach Garratt steht eine auch für höchste Geschwindigkeiten geeignete Lokomotive „hoher Achszahl" zur Verfügung.*
*Mit unseren Betrachtungen hoffen wir die Hauptrichtlinien angedeutet zu haben, die in nächster und fernerer Zukunft auf die Entwicklung der Schnellbahn-Dampflokomotiven von Einfluß sein dürften. Ob es lohnend und zweckmäßig ist, noch weitere grundsätzlich neue Wege zu beschreiten – man denke an Turbinenantrieb, elektrische oder hydraulische Kraftübertragung – bedarf noch der Klärung.*

Über diese für einen breiteren Kreis von Kunden und Freunden des Werkes gedachten Erörterungen hinaus wollen wir noch aus dem an die Reichsbahn gerichteten Angebotsschreiben vom Mai/Juni 1936 zitieren, welches die Schnellbahnlokomotive im Detail behandelt. Dabei wurden solche Ausführungen, die sich bereits im »Henschel-Heft« befinden, und solche Angaben, die sich von selbst verstehen, ausgelassen; von Berechnungen wurde nur das Ergebnis aufgenommen.

**Henschel & Sohn AG, Kassel**
**Entwurf einer 2Co3-Heißdampf-Stromlinien-Tenderlokomotive mit Einzelachsantrieb, Kohlenstaubfeuerung und Kondensation.**

*Es wird eine Lokomotivgattung für leichte Schnellbahnzüge vorgeschlagen, die eine Strecke von 600 km ohne Ergänzung der Wasser- und Brennstoffvorräte zurückzulegen vermag.*
*Der Langkessel (Heizrohre, Rauchrohre und Überhitzer) entspricht der Reihe 61. Für die Stehkessel- und die Feuerbüchswände wie für die Rauchkammerrohrwand können die entsprechenden Gesenke der Reihe 61 verwendet werden. Die Feuerbüchse ist gegenüber Reihe 61 um etwa 260 mm so weit verlängert, wie es die Raumverhältnisse als zweckmäßig erscheinen ließen. Die eiserne Feuerbüchse ist zu einem Stück zusammengeschweißt. Der ausgemauerte Feuerbüchsboden wurde so tief wie möglich heruntergezogen, damit ein recht großer Feuerraum erzielt werden konnte. Mit Rücksicht auf die etwaige Verwendung von Steinkohlenstaub sind zusätzliche Sekundärluftschlitze vorgesehen.*
*Die Kohlenstaubeinrichtung des Kessels (Brenner, Staub-Luft-Gemischleitungen und luftgekühlte Feuer-*

Der Zug D 53 auf der Elbbrücke in Dresden. (Foto: Bellingrodt)

*tür) werden nach den Erfahrungen mit den Stug-G 12-Lokomotiven ausgeführt.*
*Die Kesselausrüstung ist mit geringen, durch die besonderen Voraussetzungen des Entwurfes bedingten Abweichungen von der Reihe 61 übernommen. Ein Speisewasserreiniger ist nicht vorgesehen, da dem Kessel nur reines Kondensat als Speisewasser zugeführt wird. Das übliche Blasrohr ist durch ein Gebläse in der Mitte der Rauchkammer unterhalb des Schornsteines ersetzt. Das Gebläserad wird durch eine Abdampfturbine angetrieben. Zum Anheizen, zum Anfachen des Feuers bei Stillstand der Lokomotive und zum vorübergehenden Verstärken des Feuerungszuges ist an der Turbine eine vom Führerstand aus zu betätigende Frischdampfdüse vorgesehen.*
*Die stündliche Dampferzeugung ergibt sich bei einer mittleren Heizflächenbelastung von 57 kg/m$^2$h zu 8750 kg. Der stündliche Brennstoffverbrauch ermittelt sich bei Kohlenstaub von 5200 kcal/kg Heizwert (berechnet auf der Grundlage von 95 °C Vorwärmung und ~ 400 °C Überhitzung bei ~ 78 Prozent Kesselwirkungsgrad) zu 1470 kg. Der Feuerraum ist rund 6,6 m$^3$ groß. Die Feuerraumbelastung ist somit für den gesamten Feuerraum 1,16 $\times 10^6$ kcal/m$^3$h. Dieser Wert erscheint günstig.*
*Die Lokomotive erhält Einzelachsantrieb. Jede der drei Treibachsen wird durch ein Paar schnellaufender Dampfmotoren mittels Zahnradübersetzung angetrieben. Am vorteilhaftesten erscheint die Kraftübertragung durch den Westinghouse-Federtopfantrieb. Die beiden Dampfzylinder bilden mit den zugehörigen Schieberkästen einen mit dem Lokomotivrahmen verschraubten Gußblock.*
*Die Schieber sind als Kolbenschieber mit 150 mm Durchmesser vorgesehen. Als Steuerung wird dieje-*

*nige nach Stephenson vorgeschlagen, da diese wenig Raum und vor allem wenig Höhenentwicklung beansprucht. Die Treibstange wurde in Rücksicht auf kleinsten Achsstand so kurz wie möglich gehalten. Das Verhältnis Kurbelhalbmesser zu Treibstangenlänge beträgt 1:5. Alle Lagerstellen des Dampfmotors, auch die Zapfen- und die Schwingscheibenlager, erhalten Wälzlager.*

*Die Dampfmaschinen der beiden ersten angetriebenen Achsen sind über der Achswelle, diejenigen der dritten Treibachse aus räumlichen Gründen in Höhe der Radmitte hinter der Achswelle angeordnet. Die Achsantriebe stimmen in ihren Einzelteilen für alle drei Treibachsen überein mit Ausnahme des Stahlgußgehäuses für das Zahnradgetriebe und die Dampfmotorenkurbel, das für die dritte Treibachse gesondert durchgebildet werden muß.*

*Der Dampfmotor der hinteren Treibachse kann unabhängig vom Regler mittels eines besonderen Ventils abgestellt werden. Er läuft leer mit, wenn seine Arbeit nicht benötigt wird. Diese Maßnahme läßt eine Esparnis im Gesamtverbrauch an Dampf erhoffen.*

*Wir haben die Übersetzung mit 1:2,5 so groß genommen, wie es mit Rücksicht auf die Drehzahl und die Kolbengeschwindigkeit tunlich erschien. Die gewählte Übersetzung ergibt bei einem Treibraddurchmesser von 2000 mm und 175 km/h Geschwindigkeit (entsprechend einer minütlichen Drehzahl der Treibachse von 465) eine Drehzahl des Dampfmotors von 1150 U/min, die für Dauerbetrieb noch als zulässig angesehen werden kann. Der Kolbenhub wurde zu 240 mm festgelegt, so daß bei höchster Fahrgeschwindigkeit die mittlere Kolbengeschwindigkeit etwa 9,2 m/sec beträgt und ebenfalls noch in zulässigen Grenzen bleibt.*

*Der Zylinderdurchmesser beträgt 260 mm und entspricht einer günstigsten Geschwindigkeit von 140 km/h. Nimmt man den spezifischen Dampfverbrauch zu 6,2 kg/PSih ein, so ist die höchste indizierte Dauerleistung 1400 PSi und die günstigste Zugkraft 2700 kg. Die größte Zugkraft ist 9150 kg (für 0,75 p) und 10350 kg (für 0,85 p.). Der Treibachsdruck beträgt 18,5 t. Das Verhältnis Achsdruck zu größter Zugkraft liegt so günstig, daß ein Schleudern kaum zu befürchten ist.*

*Die Vorräte sollen für eine Strecke von 600 km ausreichen. Rechnet man mit einer mittleren Reisegeschwindigkeit von 120 km/h, so beträgt die Fahrtdauer fünf Stunden. Nimmt man weiter an, daß 20 Prozent Leerlaufstrecken vorliegen, im übrigen aber mit höchster Kesselanstrengung gefahren werden muß, so ergibt sich insgesamt ein Dampfverbrauch von 34 800 kg und ein Brennstoffverbrauch von 5880 kg.*

*Rund 95 Prozent des Speisewassers werden in der Kondensationsanlage zurückgewonnen, es sind während der Fahrt nur etwa 5 Prozent, d. h. 1740 kg, aus dem Vorratsbehälter zu ersetzen. Hinzu kommen stündlich noch etwa 320 kg Dampf für die Heizung des Zuges, insgesamt also 1600 kg. Die Hilfsmaschinen verursachen keinen zusätzlichen Dampfverlust, da ihr Abdampf kondensiert wird. Der Wasservorrat muß somit mindestens 3340 kg betragen. Um die Lokomotive vorübergehend durch Speisen mit Frischwasser über die Leistungsfähigkeit der Kondensationsanlage hinaus belasten zu können, wird der Wasservorrat auf 6 $m^3$ festgelegt. Die Wasserbehälter befinden sich beiderseits des Langkessels.*

*Der Brennstoffvorrat beträgt 7000 kg. Der Kohlenstaubbunker faßt dementsprechend etwa 12 $m^3$ und ist hinter dem Führerhaus angeordnet. Die beiden Förderschnecken und die zwei Verbrennungsluftgebläse werden gemeinsam von einer hinter dem Staubbunker angeordneten Frischdampfturbine angetrieben.*

*Geringes Dienstgewicht der Lokomotive und geringe Unterhaltungskosten des Lokomotiv-Kessels sind die Hauptvorteile, die sich mit der Rückgewinnung des Speisewassers ergeben. Das Dienstgewicht ist im vorliegenden Falle um etwa 40 t niedriger als das einer entsprechenden Lokomotive ohne Kondensation. Der Kessel beansprucht nur geringe Unterhaltungskosten, weil ihm – von zeitweiliger Überlastung abgesehen – nur reines, ölfreies Kondensat als Speisewasser zugeführt wird. Die 5 Prozent Speisewasser, die unmittelbar dem Vorratsbehälter entnommen werden, werden in einem besonderen Behälter verdampft und gelangen damit ebenfalls gereinigt in den Kessel.*

*Der Abdampf strömt aus den Zylindern zunächst – wie schon erwähnt – in die Abdampfturbine zum Antrieb des Saugzuggebläses, wird dann durch eine Leitung längs des Kessels über einen Ölabscheider geführt und gelangt zur zweiten, hinter dem Staubbunker angeordneten Abdampfturbine, welche die Kühlerventilatoren antreibt. Von hier aus wird der Abdampf durch ein*

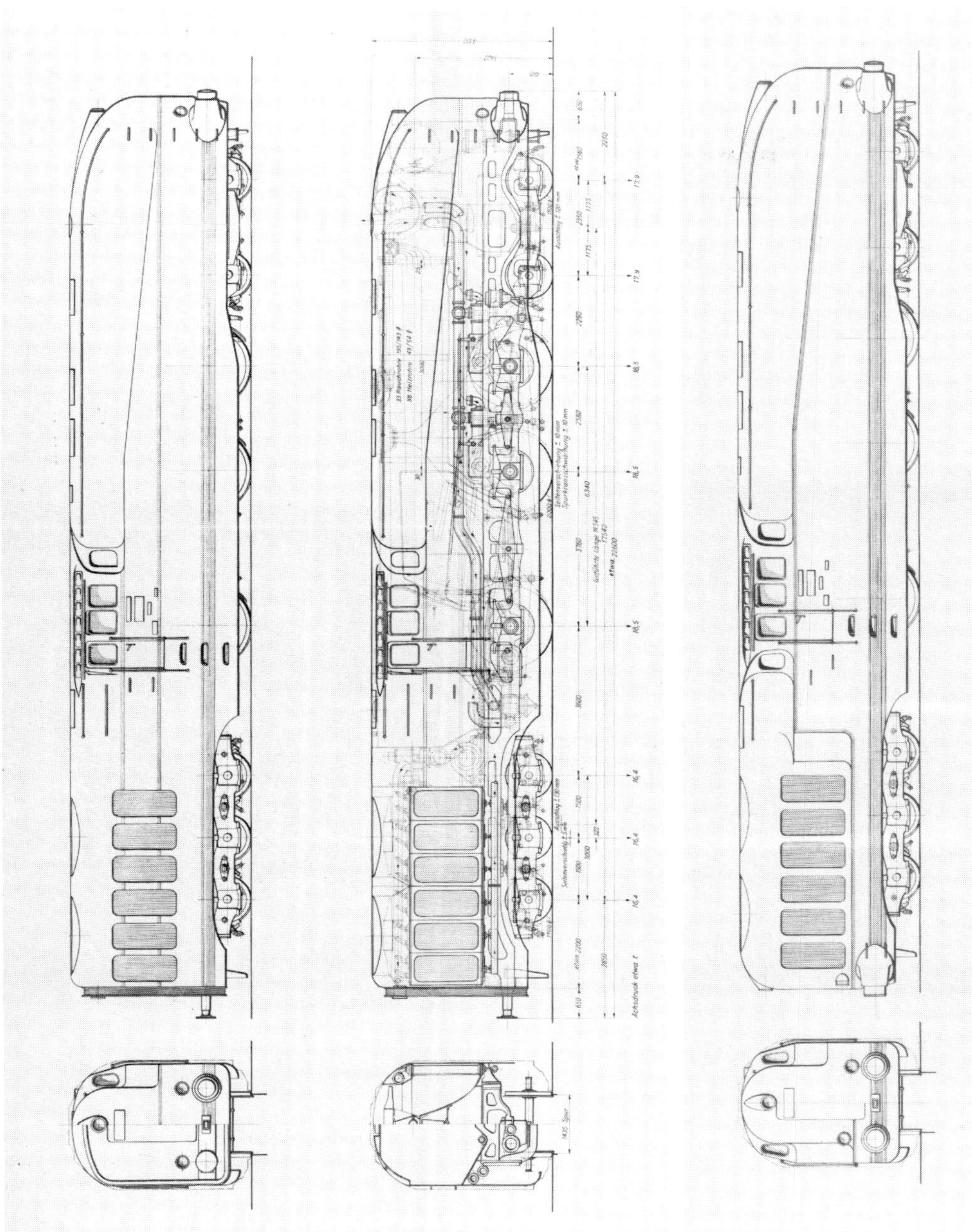

Die beiden Varianten der Dampfmotorlokomotive mit Einzelachsantrieb, Kohlenstaubfeuerung und Kondensation nach Vorschlag Dr. Ewald vom Juni 1936.

*Rohrsystem auf die einzelnen Kühlerelemente verteilt und in diesen durch Luftkühlung niedergeschlagen. Auch das verdampfte zusätzliche Frischwasser wird den Kühlern zugeleitet. Das Kondensat durchfließt einen Ölfilter und wird in einem Behälter gesammelt und sodann durch eine der beiden Speisepumpen dem Kessel zugeführt. Ein Speisewasservorwärmer kommt nicht in Betracht, da das Kondensat entsprechend hohe Temperatur besitzt.*
*Der Kondensator besteht aus zwölf Elementen, die zu je sechs an den Längsseiten der Lokomotive hinter dem Staubbunker angeordnet sind. Der Kühl-Luftstrom wird mit Hilfe von Lüfterrädern durch die Elemente gesaugt. Die Kondensationsanlage regelt sich selbsttätig, da sich die Drehzahl der mit dem niederzuschlagenden Abdampf betriebenen Lüfterturbine nach der Dampfmenge einstellt. Bei Stillstand der Lokomotive reicht der Abdampf der Hilfsmaschinen (Speisepumpe, Saugzuganlage, Lichtmaschine, Luftpumpe usw.) für den Antrieb der Lüfterräder aus, so daß auch dieser Dampf kondensiert wird. Um bei außergewöhnlichen Verhältnissen, wie beim Stehen der Lokomotive in praller Sonne, eine ausreichende Kühlung der Kondensator-Elemente zu sichern, ist an der Turbine eine Frischdampfdüse vorgesehen.*
*Der Rahmen ist in Rücksicht auf gute Zugänglichkeit und bequemen Ein- und Ausbau der Dampfmotoren-Aggregate als außenliegender Barrenrahmen vorgesehen. Das vordere Drehgestell ist unverändert von der Reihe 61 übernommen. Die mittlere Treibachse ist seitlich verschiebbar. Das hintere Drehgestell besitzt außenliegenden Plattenrahmen.*
*Die Bremse entspricht grundsätzlich derjenigen der Reihe 61. Die Bremsprozente richten sich nach den neuesten Bestimmungen. Die mittlere Achse des hinteren Drehgestells wird nicht abgebremst.*
*Die Aufbauten sind mit der Verkleidung zu einem stromlinienförmigen Körper zusammengefaßt. Die Lokomotive ist für eine Fahrtrichtung gedacht. Sie fährt vor dem Zuge mit dem Schornstein voraus; den Stromlinien-Übergang zum Wagenzug bildet ein mit den Seitenwänden der Wagen bündiger Faltenbalg.*
*Soll die Lokomotive in beiden Fahrtrichtungen vor dem Zuge verkehren, an den Endpunkten der Strecke also nicht gedreht werden, so muß das hintere Lokomotivende entsprechend ausgebildet werden. Die Seitenwände des Staubbunkers und der Kondensanlage müssen seitlich eingezogen sein, damit vom Führerstand aus die Sicht nach hinten frei bleibt. Dies bedingt eine geringfügige Verlängerung der Lokomotive.*

**Hauptabmessungen**

| | | |
|---|---|---|
| Zylinderdurchmesser | 260 | mm |
| Kolbenhub | 240 | mm |
| Zahnrad-Übersetzung | 1:2,5 | |
| Treibraddurchmesser | 2000 | mm |
| Laufraddurchmesser | 1100 | mm |
| Kesseldruck | 20 | atü |
| Feuerbüchs-Grundfläche | 3,02 | $m^2$ |
| Verdampfungsheizfläche, fb. | 153,8 | $m^2$ |
| Überhitzerheizfläche außen | 69,2 | $m^2$ |
| Wasservorrat | 6 | $m^3$ |
| Kohlenstaubvorrat | 7 | t |
| Leergewicht etwa | 119,7 | t |
| Dienstgewicht etwa | 140,5 | t |
| Treibachsdruck | 18,5 | t |
| Achsdruck vord. Drehgestell | 17,9 | t |
| Achsdruck hint. Drehgestell | 16,4 | t |
| Höchstgeschwindigkeit | 175 | km/h |
| Fester Achsstand | 6340 | mm |
| Gesamtachsstand | 17540 | mm |
| Länge über Puffer etwa | 22600 | mm |
| Kleinster Krümmungshalbm. | 180 | m |

Zur Bestellung einer solchen Dampfmotor-Lokomotive nach Vorschlag Dr.-Ing. Ewald ist es, wie wir wissen, nicht gekommen. Das mag einmal daran gelegen haben, daß die Reichsbahn nur an die Beschaffung einer Maschine dachte, deren gemeinsamer Einsatz mit der Lok 61 001 in einem Dienstplan noch sinnvoll möglich sein mußte, während die projektierte Lokomotive in ihren Fähigkeiten weit darüber hinauswies. An den Bau weiterer Wegmann-Züge war aber, nachdem Friedrich Fuchs in den Ruhestand getreten und Karl Günther sein Nachfolger geworden war, kaum noch zu denken.

# Kapitel 8: Entwicklung und Betrieb der Lokomotive 61 002

In der Maschinentechnischen Abteilung der Reichsbahn-Hauptverwaltung bereitete man zu dieser Zeit gerade die Beschaffung des stärkeren und komfortableren Schnelltriebwagens vom Typ „Köln" vor, der ebenfalls mit einem Speiseraum und mit geschlossenen Abteilen aufwarten sollte. Die Tatsache, daß davon vierzehn Exemplare bestellt wurden, um den hochwertigen FDt-Dienst des Typs „Hamburg" zu übernehmen, sprach schon für sich; sie ließ damals manchen Dampflokmann abwinken, wenn es um die Planung von Schnellfahrmaschinen ging. Zum anderen mag aber auch die Verbindung von Dampfmotoren, Kondensation und Staubfeuerung in einem Versuchsträger als zu gewagt erschienen sein. Es wirkte ja immer noch die Hauptverwaltungs-Entscheidung des Referenten Fuchs vom 6. Mai 1935 fort, die wir als Antwort auf ähnliche Projekte Wittes schon kennengelernt haben. Spätere Untersuchungen ergaben schließlich, daß auch gegen den Federtopfantrieb seine mangelnde Formschlüssigkeit bei solchen Resonanzen sprach, die der ungleichmäßige Drehkraftverlauf einer Dampfmaschine bei kleinen Füllungen oder im Leerlauf – jedenfalls bei nur zwei Zylindern – mit sich brachte.

Hinsichtlich der Abschaltung einzelner Antriebe war zu bedenken, daß solche Maschinen nicht ruckartig ohne hinreichende Vorwärmung eingeschaltet werden durften, während der nur dampfseitigen Abschaltung bei längerem Leerlauf noch Fragen der Schmierung und der ungünstigen Lagerbelastung ohne das Dampfpolster entgegenstanden.

Parallel zu den avantgardistischen Vorschlägen von Dr.-Ing. Ewald verfolgte aber das Kasseler Werk auch die Weiterentwicklung der Reihe 61 auf konventionellem Wege. Schon im Frühjahr 1936 stellte Henschel als Diskussionsgrundlage eine erste Skizze zur Verfügung, die vorn ein Dreizylindertriebwerk (Zylinderdurchmesser 380 mm, Kolbenhub 720 mm) und vergrößerte Vorräte (Wasser 24,0 m³, Kohle 8 t) über einem hinteren dreiachsigen Drehgestell auswies. Man hatte also doch die symmetrische Achsanordnung aufgeben müssen, eine Fessel, über die Friedrich Fuchs gerade in seinem Artikel der „Reichsbahn" über die Lokomotive 61 001 vernehmlich geseufzt hatte.

*Bei einer Tenderlokomotive ist die Unterbringung der Vorräte immer schwierig, weil das Betriebsgewicht beschränkt ist. Man muß stets entscheiden, inwieweit man das verfügbare Gewicht in den Kessel – also die Leistung – oder in die Vorräte legen will. Im vorliegenden Falle lag aber der weitere Zwang vor, eine durch den Zug und die Fahrgeschwindigkeit gegebene Leistung mit dem gleichfalls gegebenen Aktionsradius in Einklang zu bringen. Wenn es bei dieser Lokomotive gelungen ist, die anfangs unlösbar scheinende Aufgabe doch zu verwirklichen, so war dieser Erfolg nur durch die äußerste Ausnutzung aller technischen Möglichkeiten zu erzielen.*

Jetzt hatte man hinten das große Außenrahmen-Drehgestell, also lauftechnisch keine Verbesserung. Der Kessel des Neuentwurfs war vorläufig einmal unverändert von der Lokomotive 61 001 übernommen, deren Aufzug die neue Maschine überhaupt weitgehend folgte.

## Entwürfe zur schnellen Tenderlokomotive mit drei Zylindern

In Besprechungen mit den Vertretern des Reichsbahn-Zentralamtes wurden jedoch einige Änderungswünsche laut. So kam als Hub das Regelmaß von 660 mm, als Zylinderdurchmesser der Wert von 400 mm zur Annahme. Besondere Aufmerksamkeit wurde nochmals der Frage der Vorräte, etwa hinsichtlich einer zu großen Entlastung des „Tender"-Drehgestells bei abnehmendem Inhalt der Wasserkästen, geschenkt; andererseits sollte das zumeist voranlaufende Drehgestell unter dem neuen Triebwerk nicht überladen werden. So rückte der Kessel ein gan-

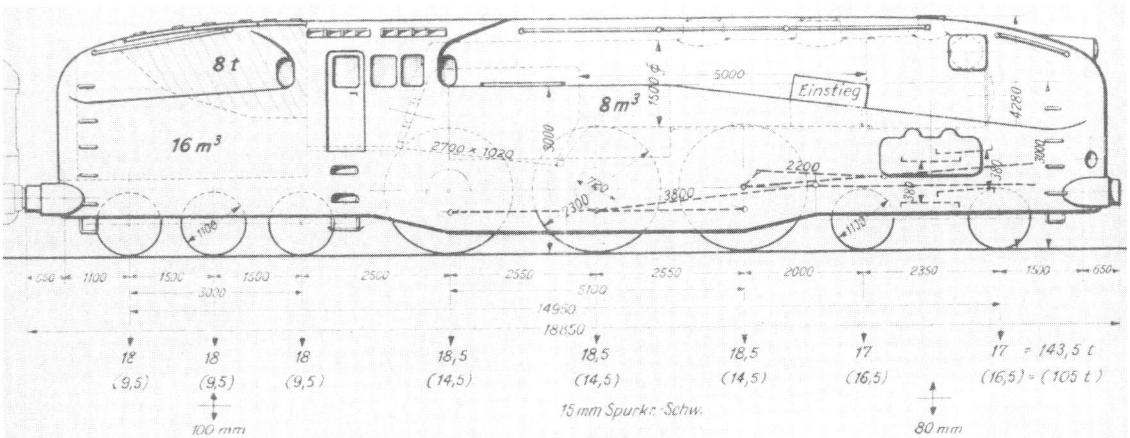


Hauptabmessungen:

| | | | | | |
|---|---|---|---|---|---|
| Zylinderdurchmesser | 3 × 380 mm | Rostfläche | 2,76 m² | Verdampf.-Oberfl. | 9,8 m³ |
| Kolbenhub | 720 mm | Heizfl. d. Feuerb. fbr. | 14,2 m² | Wasservorrat | 24,0 m³ |
| Treibraddurchmesser | 2300 mm | Heizfl. d. Rohre, fbr. | 117,7 m² | Kohlenvorrat | 8 t |
| Laufraddurchmesser | 1100 mm | Heizfl. d. Kessels, fbr. | 151,9 m² | Leergewicht | ~105 t |
| Fester Radstand | 5100 mm | Heizfl. d. Überh. " | 69,2 m² | Dienstgewicht | ~143,5 t |
| Gesamt Radstand | 14950 mm | Wasserraum d. Kessels | 6,0 m³ | Reibungsgewicht | 55,5 t |
| Dampfdruck | 20 kg/cm² | Dampfraum " " | 2,7 m³ | Zugkraft (0,6 p) | 4900 kg |

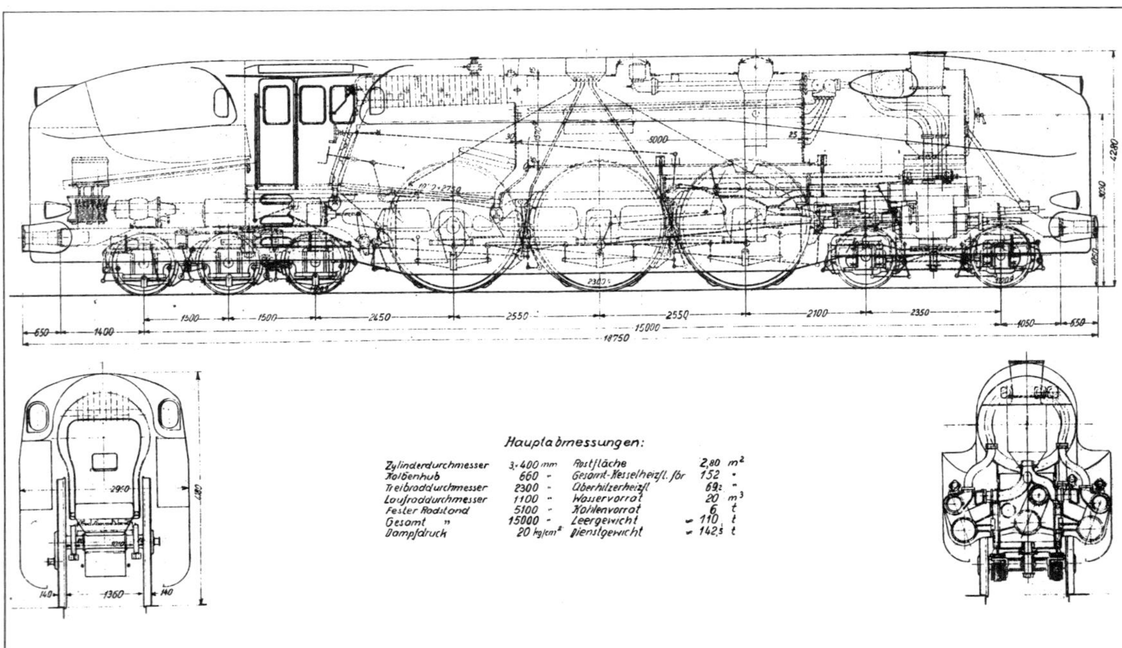

zes Stück nach hinten, und der Vorwärmer wurde in der geräumigen Rauchkammer hinter den Schlot verlegt, obwohl damit die Einströmrohre recht ungünstig geformt werden mußten. Für die Luftpumpe wurde ein Platz im hinteren Überhang gefunden.
Schließlich kam man überein, angesichts des doch vorgesehenen Einsatzes im Umlauf mit der Lok 61 001 die Vorräte der neuen Maschine nur mit Maßen zu erweitern (Wasser 20,0 $m^3$, Kohle 6 t), da zur betrieblichen Ausnutzung noch größerer Behälter sich in der Praxis nur wenig Gelegenheit ergeben würde, ihre Unterbringung aber erheblichen konstruktiven Aufwand erfordert hätte.
Über die Lieferung einer solchen, von Henschel-Oberingenieur Hans Bünnecke am 24. Juli 1936 für das Angebot durchgezeichneten dreizylindrigen 2C3-Schnellzug-Tenderlokomotive erteilte die Deutsche Reichsbahn bereits am 7. Oktober 1936 ihren Auftrag.
In der Kasseler Fabrik wurde sie nach drei Kesseln für die Siamesische Staatsbahn, welche die Werknummern 23 512 bis 514 erhalten hatten, unter der Nummer 23 515 in das Firmenregister eingetragen. Die folgenden Fabriknummern, 23 516 und 517, waren mit meterspurigen 1D1-Tenderloks für Brasilien (Parana Plantation) belegt. Zur Verwendung der noch freigehaltenen Nummer 22 501 konnte man sich also nicht entschließen. Seitens der Reichsbahn wurde der neuen Lokomotive, obwohl die Achsanordnung ja abweichen sollte, die unmittelbar an die erste Maschine anschließende Betriebsnummer 61 002 beigelegt.
Mit der weiteren Durchkonstruktion hatte sich nun das TB 1 zu beschäftigen. In diesem bahnten sich gerade wichtige Veränderungen an, denn zur Vorbereitung der Nachfolge Heises wechselte Walter Böhmig, bisher für Export-Hauptbahnlokomotiven im TB 2 zuständig, an die Spitze des Büros für Reichsbahnloks über, während sich Heise nunmehr überwiegend eigenen Forschungsvorhaben und Sonderaufgaben widmete. Wir denken hier etwa an die verstärkte „Micky-Maus"-Type der Lübeck-Büchener Eisenbahn.
Das Büro TB 1 hatte soeben mit der Konstruktion der schweren Güterzuglok-Baureihe 45 eine große Schlacht geschlagen. Hier wirkte weiterhin der wakkere Knipping, und an dessen Seite erwarb sich auch Bruno Riedel, später einmal mit dem Bau der Bundesbahn-Reihe 23 unter Witte eng verbunden, seine ersten Meriten.
Da nur wenig Aussicht auf weitere Entwicklungsaufträge über neue Reichsbahnloks bestand, konnte man sich trotz der Überzeugung, daß die Pläne nur für das Einzelstück benötigt würden, bei der Arbeit etwas Ruhe gönnen. Ab Mitte des Jahres 1937 gingen die Bauzeichnungen beim Reichsbahn-Zentralamt in Berlin zur Genehmigung ein. Die heute noch vorhandenen Blätter tragen überraschenderweise nicht die Sichtvermerke des Bauartdezernenten R. P. Wagner selbst, sondern sind teilweise von dessen wissenschaftlichem Hilfsarbeiter, Reichsbahnrat Paul Roth, und teilweise von dem zur Entlastung des Dezernates eingesetzten Oberreichsbahnrat Ziem abgezeichnet. Die letzten Pausen, darunter die hier wiedergegebenen Querschnitte, die Längsansicht und der Grundriß, kamen erst im Februar 1939 aus dem Amt zurück, denn auch gegenüber der dem Auftrag zugrundeliegenden Zeichnung hatten sich noch allerhand Änderungen ergeben.

## Die Bauart der Lokomotive

Alle drei Zylinder lagen jetzt waagerecht. Der Zylinderdurchmesser war nun auf 390 mm festgesetzt, die Saugzuganlage – höchst ungewöhnlich für eine Reichsbahnmaschine des Einheitsprogrammes – fast einen halben Meter hinter die Querachse des Zylinderblocks gerutscht, der Vorwärmer über den rechten Außenzylinder verlegt und die Luftpumpe ganz nach vorn rechts gewandert. Die Überhänge der Verkleidung vorn und hinten waren einander angeglichen, und ein zweiter Sandkasten hatte auf dem Kesselrük-

Oben: Erste Diskussionsgrundlage für den Bau der Lok 61 002 war diese Henschel-Skizze von 1936.

Unten: Die überarbeitete Zeichnung vom 24. Juli 1936.
(Skizzen: Henschel)

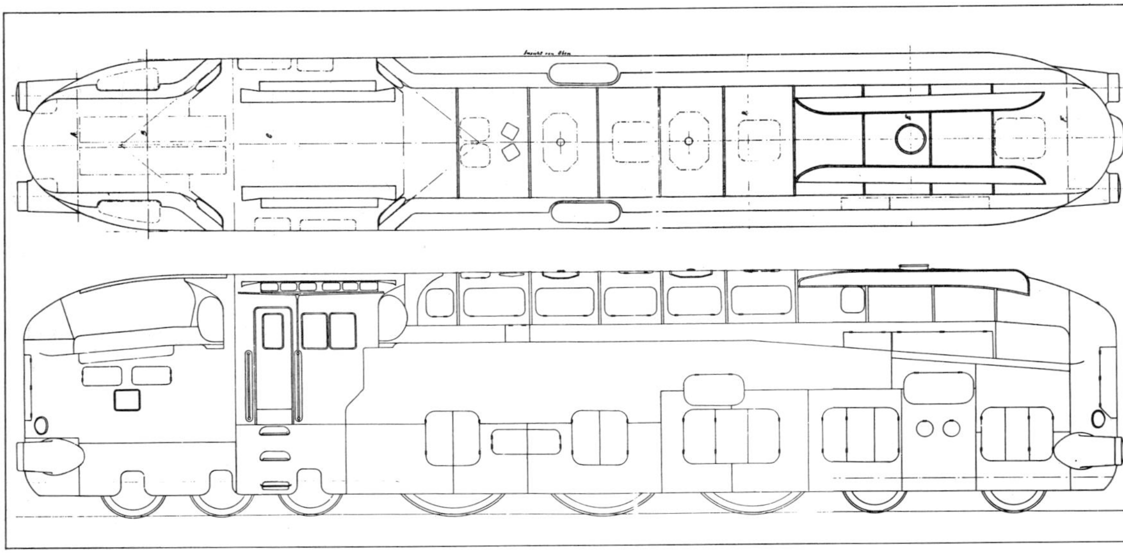

Bereits im Mai 1937 lag diese Aufbauzeichnung von Henschel-Oberingenieur Oskar Andrée vor, die alle wesentlichen Abmessungen der endgültigen Ausführung zeigt.
(Skizzen: Henschel)

ken Platz gefunden. Der Kessel selbst hatte, da nun eine Stahlfeuerbüchse aus Gründen der Rohstoffeinsparung angewandt werden mußte, im Stehkessel fertigungsbedingt geringfügig abweichende Maße, während im Langkessel mit 80 statt 88 Heizrohren und mit dafür 35 statt 33 Rauchrohren ein etwas anderer Spiegel gewählt wurde.
Bleibt noch zu bemerken, daß der Wasservorrat nun endgültig mit 21,0 m³ bemessen, der Inhalt des Kohlenbunkers bei den 6 t des Projekts belassen wurde. Über die sonstigen konstruktiven Einzelheiten der Maschine 61 002 gibt die Kurzbeschreibung Auskunft.

**Deutsche Reichsbahn**
**Beschreibung der 2C3-h3-Schnellfahr-Tenderlokomotive 61 002 für leichten Vier-Wagen-Zug**

*Die Lokomotive 61 002 ist aus der Lok 61 001 entwikkelt worden. Sie ist zur Verbesserung ihrer Laufeigenschaften mit einem Drillingstriebwerk und zur Erweiterung des Fahrbereiches mit größeren Vorratsbehältern versehen, die den Einbau eines dreiachsigen Drehgestells unter dem Kohlenkasten erforderlich machten. Die Achsanordnung der Lokomotive mit einem vorderen und einem hinteren Drehgestell gewährleistet gute Fahreigenschaften in beiden Fahrtrichtungen bis zur Höchstgeschwindigkeit und ermöglicht ein zwangloses Befahren von Kurven bis herab zu 180 m Halbmesser sowie der Reichsbahnweiche 49–190 – 1 : 7,5 / 1 : 6,6 mit einer Verdrückung von 4,5 mm am Herzstück.*
*Mit Rücksicht auf den bei hohen Geschwindigkeiten auftretenden erheblichen Luftwiderstand ist die Lokomotive windschnittig verkleidet. Um dem Führer nach beiden Fahrtrichtungen eine gute Übersicht über die Einrichtungen des Führerstandes und die Strecke zu gewährleisten, sind Steuerbock, Regler, Bremsventile und sonstige vom Führer zu bedienenden und zu*

*übersehenden Apparate doppelt ausgeführt. Der Achsdruck der gekuppelten Achsen mit je 18,5 t ermöglicht das Befahren der Fernstrecken der Berliner Stadtbahn.*

*Der nach unten zwischen die Kuppelräder eingezogene Stehkessel umschließt eine stählerne geschweißte Feuerbüchse, die in normaler Weise durch stählerne Deckenstehbolzen und eingeschweißte Stehbolzen mit dem Stehkessel verbunden ist. Der Langkessel von 1600 mm lichtem Durchmesser besteht aus zwei Schüssen, von denen der vordere den Speisedom mit dem Schlammabscheider, der hintere den Dampfdom mit dem Ventilregler Bauart Wagner trägt. Der leicht nach vorn geneigte Rost besteht aus vier Feldern, hat 43 Prozent freie Rostfläche und im dritten Feld von vorn einen Kipprost von 450 mm Länge, der vom Führerstand aus betätigt werden kann. Der Aschkasten zeigt die übliche Ausführung.*

*Zwischen dem Schornstein und dem tiefliegenden Blasrohr ist ein aufklappbarer Funkenfänger eingebaut. Zur besseren Rauchabführung der aus dem niedrigen Schornstein kommenden Rauchgase sind rechts und links von diesem auf der Rauchkammer Windleitbleche angebracht, die mit Rücksicht auf das Profil gebogen ausgeführt sind. Der Dampfsammelkasten ist mit getrennter Naß- und Heißdampfkammer ausgeführt, um eine Rückkühlung des Heißdampfes an der Wandung der Naßdampfkammer zu vermeiden.*

*Der Kessel wird durch eine Verbundspeisepumpe Bauart Knorr-Tolkien mit einer Leistung von 250 l/min gespeist; das Speisewasser wird durch den Vorwärmer Bauart Knorr auf der rechten Seite in den Speisedom gedrückt. Als zweite Speiseeinrichtung dient eine Dampfstrahlpumpe gleicher Leistung, die das Speisewasser auf der linken Seite unmittelbar in den Speisedom fördert. Der Abdampfvorwärmer hat eine Heizfläche von 9,16 m² und ist über dem rechten Außenzylinder untergebracht. Die Luft- und Speisepumpe sind rechts und links vor der ersten Laufachse so unter der Verkleidung angeordnet, daß sie den Ausblick auf die Strecke nicht behindern.*

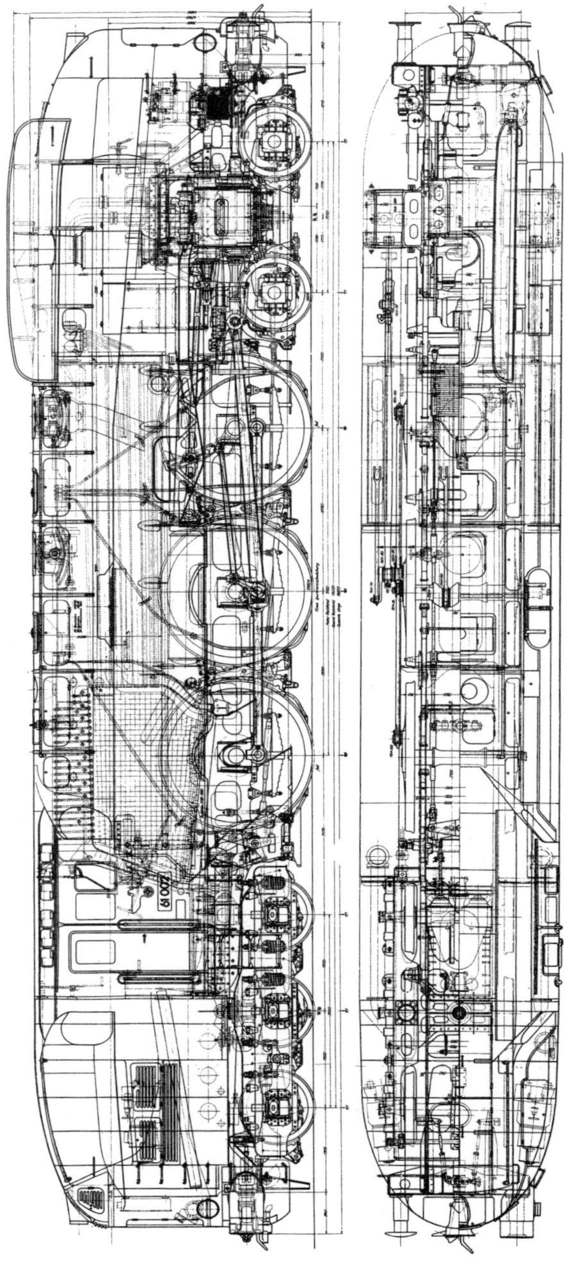


Seitenansicht und Schnitt der Lokomotive 61 002 mit Dreizylindertriebwerk und hinterem dreiachsigem Drehgestell. (Sammlung Düring)

*Zur Ausrüstung des Kessels gehören außer einer Anzahl Waschluken noch die Dampfpfeife von großer Tonstärke, die außerdem mit Hilfsventil für Halbton versehen ist, die beiden Hochhubsicherheitsventile Bauart Ackermann, ferner zwei Wasserstandsanzeiger mit Selbstschluß, ein Dreiwegeventil für Aschkasten-, Kohlen- und Rauchkammerspritze und die nötigen Druck- und Temperaturmesser. Der auf dem Stehkesselscheitel liegende, absperrbare Dampfentnahmestutzen trägt die Anstell-Ventile für die Speisepumpe, die Dampfstrahlpumpe, die Luftpumpe, den Hilfsbläser, die Dampfheizung und die Turbogeneratoren für die Lichtanlage des Zuges.*

*Der Lokomotivrahmen ist als Barrenrahmen aus Platten von 80 mm Dicke hergestellt, die unter dem Kohlenkasten durch 25 mm dicke Platten vorgeschuht sind. Beide Rahmenplatten sind durch die Pufferträger, ferner durch den Mittelzylinder mit dem darüberliegenden Rauchkammerträger und dem darunterliegenden Drehzapfenträger für das vordere Drehgestell, durch je ein 20 und 25 mm dickes Querblech zur Aufnahme der drei Gleitbahnen und der geschweißten Schwingenträger, durch den vorderen und hinteren geschweißten Stehkesselträger und durch den geschweißten Drehzapfenträger für das hintere Drehgestell, sowie drei an die Wangenunterkante angeflanschte Flacheisenstäbe miteinander verbunden.*

*Der Rahmen ist in 6 Punkten unterstützt. Mit seinem vorderen Teil stützt er sich auf die Gleitplatten des vorderen Drehgestells, mit seinem mittleren Teil auf die durch Ausgleichhebel miteinander verbundenen Tragfedern der gekuppelten Radsätze und mit seinem hinteren Teil auf die Gleitplatten des hinteren Drehgestells. Zur Sicherung eines ruhigen Laufes hat das vordere Drehgestell einen Achsstand von 2350 mm und das hintere einen solchen von 3000 mm erhalten. Der begrenzte Ausschlag am Drehzapfen des vorderen Drehgestells beträgt 80 mm und an dem des hinteren Dreh-*

Blick in die Werkhallen von Henschel mit Kessel, Rahmen und Wasserkasten der Lokomotive 61 002. (Werkfoto)

*gestells 95 mm nach jeder Seite. Die gekuppelten Radsätze sind fest im Rahmen gelagert. Die Spurkränze des mittleren Kuppelradsatzes sind um 15 mm geschwächt. Der Treibraddurchmesser von 2300 mm gestattet eine Höchstgeschwindigkeit von 175 km/Std. Die Treibachslager sind als Obergethmannlager mit unter der Achsmitte liegenden Hilfsbacken ausgebildet. Die Unterkästen sämtlicher Lager können ohne Ausbau der Tragfedern herausgenommen werden. Die Räder der gekuppelten Radsätze können in beiden Fahrtrichtungen mit Preßluftsandstreuern gesandet werden.*

*Die Lokomotive hat ein Drillingstriebwerk erhalten, das auf zwei Achsen wirkt. Die beiden waagerecht liegenden Außenzylinder treiben den zweiten Kuppelradsatz und der ebenfalls waagerecht liegende Innenzylinder den ersten Kuppelradsatz an. Die Treibstangenlager sind geteilt und durch Flachkeile nachstellbar. Die Kuppelstangen haben geschlossene Buchsenlager. Sämtliche Stangenlager werden durch Nadelschmiergefäße mit Öl versorgt.*

*Alle drei Zylinder arbeiten mit einfacher Dampfdehnung, haben Kolbenschieber von 220 mm Durchmesser mit innerer Einströmung, druckluftgesteuerte Druckausgleicher und auf jedem Zylinderdeckel ein Sicherheitsventil. Die Kolben sind je mit fünf schmalen Dichtringen versehen. Die durchgehenden Kolbenstangen von gleichem Durchmesser werden durch gußeiserne Stopfbuchsen abgedichtet; vorn werden sie durch eine kippbar gelagerte Tragbuchse, hinten durch den Kreuzkopf getragen, so daß der Kolben freihängend im Zylinder gleitet. Kolben, Schieber und Stopfbuchsen werden durch eine im Führerstand befindliche Schmierpumpe Bauart Bosch mit Tropfenanzeiger geschmiert.*

*Die Außen- und Innensteuerungen arbeiten unabhängig voneinander und sind als Heusingersteuerungen für Inneneinströmung mit Kuhn'scher Schleife durch-*

Die fast fertiggestellte zweite Tenderlokomotive für den Henschel-Wegmann-Zug, Anfang 1939 aufgenommen.
(Werkfoto, Sammlung Dr. Scheingraber)

*gebildet. Sie ermöglichen gute Dampfverteilung bis 70 Prozent für Vorwärts- und Rückwärtsfahrt.*
*Das Führerhaus hat in der abgeschrägten Vorder- und Hinterwand Drehfenster sowie Schiebefenster in den Seitenwänden. Die Einsteigöffnungen sind durch Türen mit Fallfenstern verschlossen. In der Decke befindet sich ein Lüftungsaufsatz mit verstellbaren Luftklappen. Die Lokomotive ist mit einer Verkleidung in Stromlinienform versehen, die mit ihren gut abgerundeten vorderen und hinteren Enden über die Pufferträger hinausreicht. Den Zutritt zur Rauchkammer ermöglicht eine am Kopfende der Verkleidung befindliche Doppeltür. Der vor der Rauchkammer befindliche obere Teil der Bekleidung ist abnehmbar, um die seitlich am Rahmen befestigten Luft- und Speisepumpen ausbauen zu können. Das Triebwerk ist wie bei der Lok 61 001 verkleidet. Sämtliche am Langkessel befindlichen Armaturen und Rohrverschraubungen sowie der Innenzylinder und Vorwärmer sind durch entsprechend angeordnete Klappen mit Riegelverschluß zugänglich gemacht.*
*Die Verbindung von Lokomotive und Wagen wird durch die selbsttätig wirkende Scharfenberg-Kupplung hergestellt, die beim Kuppeln zugleich die Bremsleitung, die Dampfheizung und die zahlreichen elektrischen Kabel nach dem Wagenzug selbsttätig miteinander verbindet. Je zwei umkleidete Hülsenpuffer mit Ringfeder an den beiden Pufferträgern wirken stoßdämpfend.*
*Die Lokomotive ist mit einer selbsttätigen Druckluftbremse Bauart Hikssbr ausgerüstet. Sämtliche Räder der Lokomotive werden doppelseitig durch zweiteilige Bremsklötze abgebremst. Vom Reibungsgewicht der Lok werden 200 Prozent (Übersetzung 1 : 5,77), von den Drücken der 1. Achse des vorderen und der letzten Achse des hinteren Drehgestells 50 Prozent und von*

*den übrigen Achsen beider Drehgestelle 180 Prozent abgebremst. Zur selbsttätigen Anpassung an die mit der Geschwindigkeit wechselnde Bremskraft ist die Lok mit einem geschwindigkeitsabhängigen Bremsdruckregler versehen, der den Bremsdruck bei einer Geschwindigkeit von 60 km/h selbsttätig von 8 auf 3,1 at herabsetzt. Außerdem ist in dem Boden des Wasserkastens ein Druckübersetzer eingebaut, der den Bremszylinderdruck gleichzeitig in Abhängigkeit von der Wassersäule regelt. Neben der selbsttätigen Bremse ist die Lok noch mit einer auf der rechten Seite liegenden Wurfhebelbremse (40 Prozent) und Zusatzbremseinrichtung (3,1 at) ausgerüstet, die beide nur auf die Kuppelachsen wirken.*

*Den elektrischen Strom für die Lokomotivbeleuchtung, für die Beleuchtung des Wagenzuges, für die Lüftermotoren der dampfbeheizten Luftheizung und für die Ladung der Batterien in den Wagen liefern zwei mit Heißdampf betriebene Turbogeneratoren von je 10 Kilowatt, die in hierfür besonders vorgesehene seitliche Nischen des Kohlenkastens eingebaut sind. Der Abdampf der Turbogeneratoren wird dem Speisewasservorwärmer zugeführt.*

*Die Wasservorräte von insgesamt 21 m³ sind in einem unter dem Kohlenkasten befindlichen Wasserkasten und zwei seitlich am Langkessel liegenden Seitenkästen untergebracht. Sämtliche Wasserkästen stehen durch Rohrleitungen miteinander in Verbindung und sind aus Gewichtsgründen geschweißt.*

*Der ebenfalls geschweißte Kohlenkasten mit einem Fassungsvermögen von 6 t Kohle bildet den hinteren Abschluß des Führerhauses und wird durch die in seiner Decke befindlichen Bekohlungsklappen beschickt. Die Feuergeräte sind in einem Rohr untergebracht, das in den hinteren Wasserkasten eingeschweißt ist.*

*Die Lokomotive ist mit induktiver Zugbeeinflussung der Bauart Lorenz AG Berlin für Fahrzeuge mit zwei Führerständen ausgerüstet.*

Erste Ausfahrt der noch nicht fertiglackierten Lok 61 002 aus dem Stammwerk am Holländischen Platz in Kassel, Frühjahr 1939. (Foto: Kreutzer)

**Hauptabmessungen**

| | | |
|---|---|---|
| Größte Geschwindigkeit | 175 | km/h |
| Zylinderdurchmesser | 3×390 | mm |
| Kolbenhub | 660 | mm |
| Treibraddurchmesser | 2300 | mm |
| Fester Achsstand | 5100 | mm |
| Gesamtachsstand | 15025 | mm |
| Länge über Puffer | 18825 | mm |
| Leergewicht errechnet | 110 | t |
| Dienstgewicht errechnet | 144 | t |
| Reibungsgewicht | 55,5 | t |
| Größter Achsdruck | 18,5 | t |
| Kesseldruck | 20 | atü |
| Rostfläche | 2,8 | m² |
| Verdampfungsheizfläche fb. | 150,0 | m² |
| Überhitzerheizfläche | 69,2 | m² |
| dgl. für Lichtmaschine | 4,2 | m² |
| Rauchrohre 35 Stück | 143×4 | mm |
| Heizrohre 80 Stück | 54×2,5 | mm |
| Länge der Rohre | 5000 | mm |
| Wasserinhalt des Kessels | 6 | m³ |
| Dampfraum des Kessels | 2,7 | m³ |
| Verdampfungsoberfläche | 9,86 | m² |
| Wasservorrat | 21 | m³ |
| Kohlenvorrat | 6 | t |

Im Mai 1939 ist diese Maschine 61 002 in Kassel soweit fertiggestellt worden, daß mit ihr Werksprobefahrten über Wabern nach Treysa und Marburg unternommen werden konnten, von denen wir dank Kreutzers unermüdlicher Arbeit eine Anzahl netter Lichtbilder besitzen. Am Rande sei erwähnt, daß in diesem Herbst 1939 Heise sein vierzigjähriges, Knipping sein fünfundzwanzigjähriges Dienstjubiläum bei Henschel begehen konnten.

Der Schlußanstrich wurde am 10. Juni 1939 aufgetragen, die Lokomotive am 12. Juni an die Reichsbahn abgeliefert und von dieser anschließend nach Grunewald überführt. Das angebrachte Gattungsschild lautete auf St 38.18, der höchste Kuppelachsdruck auf 18,8 t. Ihr Abnahmedatum, vermutlich nicht vor der Jahreswende 1939/40, ist nicht bekannt.

Zwei Bilder von einem Zwischenhalt in Zimmersrode mit den Henschel-Ingenieuren Knipping, Böhmig, Roth und Riedel bei der Arbeit. (Fotos: Kreutzer)

Im Juni 1939 wurde an die Lok 61 002 letzte Hand angelegt. (Werkfoto, Sammlung Dr. Scheingraber)

## Vom Einsatz der Lok im Kriege und in der Nachkriegszeit

Es sind viele Spekulationen darüber angestellt worden, ob und wann die Lokomotive 61 002 den Zug, für den sie vorgesehen war, überhaupt befördert hat. Bedenken wir, daß zwischen Anlieferung einerseits und Betriebseinstellung andererseits nur elf Wochen lagen. In dieser Zeit war die Lok 61 001 relativ gut in Schuß; sie versah im Juni 15, im Juli 13 und im August 21 Betriebstage, und man kann also sagen, daß die Ersatzfuhre mit 01 oder 03 nicht häufiger als sonst auszurücken brauchte. Im übrigen mußte die Lok 61 002 auch erst einmal eingefahren und stufenweise auf Höchstgeschwindigkeit gebracht werden, denn wer sollte das Risiko auf sich nehmen, eine noch nicht nach §§ 4, 43 BO zugelassene Maschine im öffentlichen Verkehr zu erproben?

Nur einige wenige Touren mit dem unbesetzten Henschel-Wegmann-Zug können angenommen werden, und wir wagen die Behauptung, in der planmäßigen Verbindung der D 53/54 und D 57/58 sei die Lokomotive 61 002 niemals gelaufen. Dazu kam sie zu spät.

Nach ihrer Überweisung zum Bw Dresden Altstadt, die wohl Anfang 1940 – auch im Zusammenhang mit der zu Kriegsanfang verfügten Einschränkung von Versuchsfahrten – erfolgte, kam die neue Maschine, soweit dies eben ging, in den Plandienst. Da aber leichte Schnellzüge kaum noch anfielen, mußte sie sich nach Quälereien vor höheren Lasten in Richtung Bodenbach und auch Berlin bald ihr Brot im Personenzugdienst, etwa nach Arnsdorf, erwerben. Eine besondere Schlepplastentafel wurde nicht mehr aufgestellt, sondern die der Lokomotive 61 001 übernommen, mit welcher sie auch einige Zeit den gleichen Dienstplan bestritt. Bei Kriegsende befand sich die Maschine 61 002 in Dresden.

Als bei Henschel mit dem Bau der Lokomotive

61002 begonnen worden war, vergab die Reichsbahn auch den Auftrag über einen fünften Wagen für den Zug an die Firma Wegmann. Die Bauart dieses Fahrzeuges entsprach fast völlig den beiden vorhandenen Mittelwagen, doch wurde die Wandstärke des Kastens von 71,5 mm auf 81,5 mm angehoben, um ihn stabiler zu machen. Die Zeichnungen zu diesem Wagen der Gattung SBC 4 ü-35, der wieder 12 Plätze 2. Klasse und 56 Sitzplätze 3. Klasse bot, wurden zwischen Januar 1939 und Juni 1940 aufgestellt und genehmigt.

Dieser fünfte Wagen kam vermutlich erst Anfang 1940 zur Auslieferung, hat also den Plandienst der Vorkriegszeit nicht mehr gesehen. Es ist auch nicht bekannt, ob er als Verstärkungswagen, als normaler Bestandteil der Garnitur hinter der Lok 61002 oder aber als Ersatzwagen für den Fall von Ausbesserungen und dergleichen gedacht war.

Der Waggon ist aber nach Kriegsbeginn in den Henschel-Wegmann-Zug eingestellt worden. Das Wagenmerkbuch 1940 enthält ihn noch nicht. Als Betriebsnummer wird für ihn 10404$^{\text{II}}$ angegeben, so daß der Aussichtswagen 10404$^{\text{I}}$ zum Fahrzeug 10405 umgezeichnet wurde. Im Wagenmerkbuch von 1948 nennt der Nummernplan für den Henschel-Wegmann-Zug als bisher besetzte Nummernreihe 10401 bis 405, während der Teil über die Hauptabmessungen noch die ursprünglichen vier Wagen des Baujahres 1935 beschreibt. Solche redaktionellen Unklarheiten kamen aber häufiger vor.

Bald nach dem Beginn des Zweiten Weltkrieges trennten sich die Wege des Henschel-Wegmann-Zuges und seiner Lokomotiven voneinander. Auf die Wagengarnitur hatte das Militär ein Auge geworfen, und nach Erfüllung einiger Aufgaben höheren Ranges diente sie, nun schon mit ausgebauter Inneneinrichtung, als ein Lazarettzug. Man tat gut daran, sie nicht von ihren Sonderlokomotiven begleiten zu lassen, da diese den militärischen Einsatz fern ihrer eingeübten Betreuer kaum überstanden hätten, sondern schleppte die Waggons in üblicher Weise vermittels einer Notkupplung mit dem vorhandenen Lokomotivmaterial.

Eine erste Sichtmeldung aus der Nachkriegszeit liegt

für 1946 in Hamburg-Langenfelde vor. Es heißt, der Zug sei ausgeplündert worden; auch seien die Rotkreuzzeichen noch erkennbar gewesen. Etwa fünf Jahre verbrachte der einstige Salonwagenzug nun auf Abstellgleisen, ehe Gelegenheit war, sich wieder seiner zu besinnen. Auf seine sich ab 1952 anschließende Renaissance kommen wir noch zurück.

Wie die Lokomotive 61 001, so war auch die Schwestermaschine 61 002 während der Kriegsjahre, so gut dies eben ging, in Dresden und Umgebung dem Dienst vor Schnell- und Personenzügen zugeführt worden. Auch sie hatte eine Regelkupplung erhalten, auch ihr Anstrich war über grau auf schwarz abgeändert worden.

Am 8. Mai 1945 befand sie sich in Dresden. So blieb sie auch weiterhin dem Bw Altstadt zugeteilt, und man war in diesen Zeiten des Lokomotivmangels froh über jede betriebsfähige Maschine. Die Lok 61 002 fuhr, sobald wieder fahrplanmäßiger Verkehr zu bedienen war, im Personenzugeinsatz nach Bad Schandau, kam jedoch schon um 1950 noch einmal zu richtigen Schnellzuglok-Ehren. Fotografien belegen ihre

Zwei Aufnahmen von der Ablieferung im endgültigen Anstrich des Zuges, entstanden in Kassel am 12. Juni 1939. Links der Holländische Platz, oben die Wolfhager Straße.
(Fotos: Kreutzer)

Verwendung vor dem D 29 von Leipzig nach dem Anhalter Bahnhof; mit dessen Schließung hießen ihre Berliner Ziele Lichtenberg und Ostbahnhof (Schlesischer Bahnhof).

In den frühen fünfziger Jahren soll sie zum Bw Lichtenberg umstationiert worden sein. Mit zwei hellen Streifen im Anstrich gab man ihr Andeutungen alten Glanzes zurück.

Leipzig Hauptbahnhof im September 1950: Die Lokomotive 61 002 setzt sich vor einen Zug nach Berlin. (Fotos: Brust)

## Umbau zur Schnellfahr-Maschine 18 201

Etwa um das Jahr 1952 verlieren sich ihre Spuren ein weiteres Mal. Es heißt nur noch, bei Schnellfahr- und Leistungsversuchen der Reichsbahn habe sich der Kessel als Konstruktion ohne größere Reserven erwiesen, deren Unterhaltung durch den höheren Betriebsdruck unangemessen verteuert wurde. So entschloß man sich, die Einzelgängerin 1958 auszumustern.

Ihre vollständige Zerlegung und Verschrottung wurde aber verhindert durch den seinerzeit in der Eisenbahnorganisation OSShD gefaßten Beschluß, künftig die Reisezugwagen-Neubauten lauftechnisch bereits auf 160 km/h auszulegen, um damit allen Entwicklungen während ihrer erwarteten Lebensdauer mit Sicherheit gewachsen zu sein. Dieser Wunsch galt namentlich für Exportfahrzeuge.

Nun verfügte die Deutsche Reichsbahn damals aber weder über Diesel- noch Elektromaschinen für die mit diesem Ziel erforderlichen Versuchsfahrten. Ein Umbau einzelner Einheits-Schnellzugloks hätte nicht nur erhebliche konstruktive Schwierigkeiten überwinden müssen, sondern zugleich dem Betrieb dringend benötigte Lokomotiven entzogen.

Bei der Versuchs- und Entwicklungsstelle für Maschinenwirtschaft (VES-M) in Halle an der Saale besaß man aber großes Geschick darin, unter den bei der Verwaltung noch vorhandenen Sonderlingen und Fremdlokomotiven solche auszusuchen und herzurichten, die anderweitig nicht mehr benötigt wurden. Wir denken etwa an die Bremslok 79 001, an die Kohlenstaub-Schnellzugloks 07 1001 und 08 1001 und andere mehr.

So wurde auch die Lokomotive 61 002 zur Grundlage einer umfassenden Rekonstruktion, bei der freilich außer dem Hauptteil des Rahmens und dem Lauf-

Im Betriebswerk Berlin-Ostbahnhof wurde die Lok 61 002 am 30. April 1952 durchgesehen. (Sammlung Claus)

werk mit vorderem Drehgestell nicht mehr viel von der alten Henschel-Tenderlok übriggeblieben ist. Als Kessel kam das in den Baureihen $03^{10}$, 39/22 und 41 bereits verwendete Modell mit Verbrennungskammer für einen Betriebsdruck von 16 kg/cm² zur Anwendung. Die Rauchkammer wurde etwas verlängert. Außenzylinder entnahm man von der Versuchslokomotive Bauart La Mont, Nummer H 45 024, den Innenzylinder entwarf und baute man im Ausbesserungswerk Meiningen neu.
Da man wegen der größeren Vorräte ohnehin eine Schlepptenderlok plante, wurde der Rahmen unter dem Führerhaus abgetrennt und durch den entsprechenden Abschnitt von der H 45 024 mit einer Schleppachse ersetzt. Achsfolge jetzt also 2C1. Von der Lokomotive 44 468 wurde ein geschweißter Einheitstender 2′2′ T 34 beigestellt. Riggenbach-Gegendruckbremse, Giesl-Ejektor und eine leichte strömungsgünstige Verkleidung vervollständigten die so gewonnene Lokomotive 18 201, die am 31. Mai 1961 nach Halle in den Versuchsbetrieb abgegeben wurde.
Die Meininger Fabriknummer lautete 89. Zu ihrer Betriebsnummer, die bereits 1924 einmal mit der badischen IV f Nummer 753 von Maffei besetzt gewesen war, ist sie wohl durch den Willen ihres neuen „Herren“, des damaligen Reichsbahn-Oberrates Max Baumberg, gekommen, der dem Halleschen Amt vorstand. 1970 wurde die Nummer, gleichfalls nicht ohne Anzüglichkeit, auf 02 0201–0 abgeändert.
Die Maschine war verschiedentlich zu Schnellfahrten auf dem Ring von Velim in der Tschechoslowakei; sie hat bis zu 180 km/h erreicht. Im Sommer 1967 erhielt sie eine Ölhauptfeuerung, der Tender wurde dementsprechend umgebaut und neu verkleidet.
Parallel zu diesem Umbau hat die VES-M auch eine badische IV h mit der Nummer 18 314 für 150 km/h herrichten lassen. Über diese beiden Stars der Schiene ist bereits eingehend berichtet worden, so daß wir es hier bei dem Hinweis bewenden lassen wollen, daß die Lok 02 0201-0 seit einigen Jahren nur noch für Sonderfahrten von Eisenbahnfreunden verwendet wird. Im Herbst 1978 erhielt sie bislang ihre letzte Untersuchung L 6 (= L 3). Sie kann so, wenn das Laufwerk durchhält, noch drei bis vier Jahre als „Grüner Star“ von sich reden machen.

# Kapitel 9: Das Schicksal der Lokomotive 61 001 bei der Bundesbahn

Eine so glückliche Metamorphose wie ihre Schwestermaschine hat die Lokomotive 61 001 nicht erlebt. Nach ihrer Entlassung aus dem Raw Braunschweig Anfang Juli 1945 legte sie, wie schon berichtet, etwa vierzigtausend Kilometer bei Personenzugdiensten im dortigen Raum zurück, ehe sie am 11. März 1946 dem Bw Hannover Ost, in welchem sie bis dahin wohl bereits unterhalten worden war, auch buchmäßig zugeteilt wurde.
Trotz des damals herrschenden Lokomotivmangels war die Maschine in der Folgezeit stets nur wenige Tage pro Monat im Betrieb, überwiegend aber kalt abgestellt, und leistete monatlich kaum mehr als tausend Kilometer. Bis zur Hauptuntersuchung L 4 im Herbst 1947 hatte die Lok insgesamt erst 486 938 km auf dem Zähler. Bei der Kesselbesichtigung wurden Rostnarben und Abzehrungen an zahlreichen Teilen festgestellt und sodann behoben. Es finden sich jedoch keine Hinweise darauf, wann genau der Kesseldruck auf 16 kg/cm² beschränkt worden ist; auch nach dieser Reparatur wurde wieder mit 25 kg/cm² geprüft.
Doch selbst bei den Leer- und Lastprobefahrten im Februar 1948, die von Braunschweig nach Helmstedt und Hannover führten (so u. a. in den Plänen D 674 und FD 111), fielen deutliche Probleme mit der Feueranfachung und daher mit der Dampflieferung auf: In der Mitte wurde das Feuer zu wenig angegriffen.
Am 23. Oktober 1948 gab man die Lokomotive 61 001, da man ihrer in Hannover überdrüssig geworden war, an das Bw Bielefeld ab. Sie zeigte nun bis Mai 1949 wieder etwas anständigere Leistungen, blieb dann aber vom 4. Juli 1949 bis Mitte Juni 1950, vier Tage im Februar ausgenommen, ohne einen einzigen Lau kilometer stehen. Erst nach der Ausbesserung von Juli bis November 1950 kam sie wieder etwas in Schwung und schaffte fortan pro Monat zwi-

Nach dem Ende des Krieges wurde die Lok 61 001 in diesem Zustand im Raum Hannover aufgefunden. (Foto: Roberts, Sammlung Schneeberger)

schen dreitausend und zehntausend Laufkilometer, und zwar bis zum Monat Oktober 1951.
Inzwischen hatte aber ihre Stunde längst geschlagen: Am 24. Juli 1950 hatte nämlich die Hauptverwaltung der Bundesbahn ihren neuen Erhaltungsplan verfügt, nach welchem alle Splittergattungen – also Typen, von denen zwanzig oder weniger Maschinen vorhanden waren – keine Ausbesserungen im EAW mehr erhalten durften. Mit diesem Rationalisierungsplan ging es selbst so verdienten Baureihen wie der badischen IV h, von der sich einige zu den Versuchsämtern retten konnten, und der Schnellfahrlok 05, für die freilich angesichts ihrer Rekonstruktion bei Krauss-Maffei noch eine Galgenfrist bis 1958 galt, an den Kragen. Nur noch besondere Wirtschaftlichkeitserwägungen ermöglichten Abweichungen von dem Plan.
Bei der Eisenbahndirektion Hannover gab man die Verfügung an das zuständige Maschinenamt Minden weiter. Dieses stand unter der Leitung von Oberrat Dr.-Ing. habil. Paul Schöning, der während des Krieges in der Zeitschrift „Die Lokomotive" mit Entwürfen zu schnellfahrenden Einzylinder-Dampfloks aufgefallen war. Es liegt uns fern, diese hier zu bewerten, doch steht fest, daß sich die Lok 61 001 damit im Wirkungskreis eines Mannes befand, der den ingeniösen Gedanken ihrer Schöpfer zu folgen bereit war. Seiner Tatkraft war es zu verdanken, daß dieser Stromlinien-Tenderlokomotive noch Gelegenheit gegeben

wurde, sozusagen „in Ehren" von den Schienen abzutreten.
Im Januar 1951 hatten sich Mitarbeiter der Direktion, des Maschinenamtes und des Betriebswerkes getroffen, um die Wirtschaftlichkeitsmaßstäbe für die Lok 61 001 festzulegen. Im großen und ganzen machte man die preußische P 8 zum Vergleichsgegenstand und traf die folgende Vereinbarung.

*Bw Bielefeld gibt für die Lok 61 001 monatlich einen Auszug aus der Zusammenstellung derLeistungen und des Stoffverbrauchs an die Direktion Hannover und vermerkt folgende Angaben:*
*a) die im Berichtsmonat aufgewendeten Stückzeitstunden im Werkstättenteil;*
*b) die gleichzeitig für eine Lok BR 38 durchschnittlich aufgewendeten Stückzeitstunden;*
*c) die im Berichtsmonat von der Lok 61 001 verursachten Unregelmäßigkeiten im Zugdienst, zum Beispiel Fahrzeitüberschreitungen und Ersatzlokgestellungen.*

Zum letztgenannten Punkt wurden für Januar 1951 einmal 4 Minuten Fü wegen verklemmter Kipprostspindel und einmal 15 Minuten Fü wegen Luftpumpenschadens gemeldet; im Februar gab es keine besonderen Vorkommnisse. Im März war eine verspätete Lokgestellung wegen Wasserkastenreparatur anzuzeigen, im April 1951 schließlich Fahrzeitüberschreitungen von 15 Minuten (Schwinge schadhaft), 21 Minuten (undichte Luke) und 29 Minuten (schlechte Kohle). Sodann wurde die Meldung nicht mehr gefordert.
In diesen vier Monaten beliefen sich die aufgewendeten Stückzeitstunden im Werkstättenteil für die Lok 61 001 auf 811.69 h, denen Durchschnittswerte für eine P 8 von 1002.92 h gegenüberstanden. Die Lok 61 001 leistete in dieser Zeit 29 090 km. Ein Schlußbericht von Dr. Schöning unter dem 25. April 1951 gibt für uns den Stand seiner Bemühungen um die Lokomotive wieder.

*Die Lok krankte seit langem daran, in der Dampfentwicklung äußerst flau zu sein und nach verhältnismäßig kurzer Fahrstrecke eine starke Rostverschlackung zu ergeben. Auch war die Lok sehr faul im Anfahren, so daß häufig der Zug zurückgedrückt werden mußte, um überhaupt von der Stelle zu kommen.*
*Nachdem die landläufigen Mittel, die Dampferzeugung zu steigern (wie Blasrohrverengung mit Stegen usw.), fehlgeschlagen waren, wurde die Saugzuganlage mit Kamin und die Steuerung einer eingehenden Nachrechnung unterzogen und daraufhin folgende Änderung getroffen:*
*1. Der Blasrohrkopf wurde ca. 20 cm höher gesetzt, um das Feuer im hinteren Rostteil mehr anzufachen.*
*2. Der Kamin erhielt einen zylindrischen Aufsatz von ca. 20 cm Höhe und 47 cm lichter Weite, damit er besser vom Dampf ausgefüllt wird.*
*3. Die endgültigen Blaskopfmaße sind 132 mm lichte Weite und ein 10 mm dicker Steg. Sie stimmen damit ziemlich genau mit der P 8 überein, zumal beide Loks auch in der Heizfläche fast gleich sind.*
*4. Anordnung von negativen Ausströmdeckungen ($i = -5$ mm statt früher $i = 0$ mm); Kanalbreite $a = 50$ mm, Einströmdeckung $e = 50$ mm unverändert, wie vorher. Die Lok hatte bekanntlich nicht die Reichsbahn-Einheitssteuerung, sondern die sogenannte Schnellfahrsteuerung, die jedoch in den Ausströmdeckungen geändert wurde.*
*5. Anordnung von 9 Aschkastenschlitzen 25 × 3 cm, insbesondere im hinteren Teil der Rostfläche wirkend, da dort die Feueranfachung besonders unzureichend war.*
*Vorstehende 5 Punkte ergaben insgesamt eine tadellose Dampfentwicklung, so daß m Monat März 1951 in 23 Betriebstagen 9252 km ohne Anstände gefahren werden konnten, das ergibt pro Tag immerhin eine beachtliche Leistung von ~ 400 km.*
*Durch den betrieblichen Einsatz der Lok im Triebwagen-Ersatzdienst nach Münster – Herford – Altenbeken und zurück bedingt, kann die Lok erst nach ~ 250 km Streckenleistung ausgeschlackt werden, was sie ohne Schwierigkeiten durchhält.*
*Durch Punkt 4 sind die Kompressionsenddrücke erheblich gemildert worden, so daß Anfahrschwierigkeiten nicht mehr auftreten. Selbst auf der Steigungsstrecke Detmold – Altenbeken kann jetzt mühelos angefahren werden. Auch sind in dieser Beziehung keine Schwierigkeiten durch die Herabsetzung des Kesseldruckes von 20 auf 16 atü entstanden (letzteres war vom EZA Göttingen angeordnet worden). Wir hatten*

*teilweise mit Schwierigkeiten in dieser Beziehung gerechnet, jedoch erwiesen sich unsere Befürchtungen als grundlos.*
*Der Kohlenverbrauch errechnete sich im Bezugsmonat März 1951 auf 12,9 t/1000 km; er ist damit erheblich niedriger als an der P 8-Lok mit 15,2 t/1000 km im gleichen Zeitraum. Allerdings hatte die P 8 etwas schwerere Züge zu befördern.*
*Der Ölverbrauch der Lok 61 001 mit 24,9 kg/1000 km ist noch zu hoch, wenn man den mittleren Verbrauchssatz der P 8 mit 19,1 kg/1000 km im gleichen Monat gegenüberstellt. Die Begründung hierfür ist einfach dadurch gegeben, daß die inneren Verstrebungen der Wasserkästen teilweise abgerostet sind, wodurch die Wasserkastenwände während der Fahrt in Vibration geraten und die Rohranschlüsse usw. leicht undicht werden. Das Wasser gerät dabei in die Achslagergehäuse, Stangenlager usw. und muß ständig herausgezogen werden. Hierbei sind natürlich gewisse Ölverluste unvermeidlich.*
*Die aufgewendeten Stückzeitstunden im Werkstättenteil des Bw im Monat März betragen nur etwas mehr als die Hälfte der für die P 8 verbrauchten Stunden. Dieser Wert ist durchaus vertretbar, und er würde noch niedriger sein, wenn nicht die vorerwähnten Undichtigkeiten an den Wasserkästen ständig wiederkehrten. Leider kann man an gewisse Leckstellen nicht herankommen, es sei denn, man nähme die seitlichen Wasserkästen herunter, was jedoch zuviel Arbeitsaufwand für ein Bw sein dürfte.*
*Hoffentlich macht die Lok, die sich sonst noch in durchaus gutem Betriebszustande befindet, in Bezug auf die Wasserkästen keine unüberwindlichen Schwierigkeiten und hält bis zur nächsten L 3 am 19. Februar 1952 durch. Da die Lok dann als Splittergattung nicht mehr aufgearbeitet werden darf, müßte man schon jetzt überlegen, ob sie dann abgestellt oder nochmals aufgearbeitet werden soll.*
*Im Zeichen des Schnellverkehrs sollte man das Letztere ernstlich in Erwägung ziehen und sich auch Gedanken darüber machen, ob man nicht die in Dresden laufende Schwestermaschine 61 002 etwa gegen eine T 18-Lok nach hier eintauschen sollte. Denn es bleibt ja immer jetzt als unüberwindliche Schwierigkeit bestehen, mit einer einzigen Lok einen einigermaßen vernünftigen Dienstplan machen zu müssen.*
*Im übrigen sind in letzter Zeit mit der Lok 61 001 keine wesentlichen Unregelmäßigkeiten mehr vorgekommen.*

Man sieht, hier spricht das Herz eines echten Dampflokmannes. Und so ganz aus der Luft war sein Plan eines Austausches mit Dresden auch gar nicht gegriffen, hatte doch etwa die früher zum Bw Hof gehörige Lok 18434, die bei Kriegsende in Erfurt stehengeblieben war, im Juli 1948 als Gegengabe für die schon einmal genannte 18314 den Weg über die Grenzen zurück zu ihren Schwestern gefunden.
Doch nur noch bis zum Oktober 1951 währte der inzwischen eingetretene befriedigende Zustand, in welchem die Lok monatlich etwa neuntausend Kilometer leistete. Am 2. November 1951, ein Vierteljahr vor der fälligen Untersuchung, erlitt sie im Bahnhof von Münster einen Unfall, bei dem die hintere Pufferbohle und Verkleidung stark beschädigt wurden.
Noch einmal versuchte man es seitens des Bw Bielefeld und schickte eine Vormeldung nach Braunschweig zum Ausbesserungswerk, aus der folgende Angaben entnommen sind.

*Planarbeiten L 3 ausführen. Schieberbuchsen rechts sind nicht einwandfrei dicht. Die Elemente sind stark verbraucht, sie reißen oft unter den Flanschen auf. Das rechte Einströmrohr ist sehr dünn und schon mehrmals geschweißt. Regler oder Reglerrohr ist undicht. Zwei Rauchrohre rechts oben undicht.*
*Alle Wasserkästen sind sehr oft undicht. Nur durch eine vollkommene Entrostung lassen sich die verschiedenen Risse feststellen. An allen Wasserrohren und Flanschen sind oft Undichtigkeiten. Das Speiserohr vom Injektor ist total verbraucht. In der elektrischen Lichtleitung ist oft ein Kurzschluß. Die Lichtmaschine ist ebenfalls oft anfällig und hat einen schlechten Platz. Sie sitzt sehr wahrscheinlich zu warm und ist dort schlecht zu reparieren. Die hintere Pufferbohle ist rechts 120 mm und links 50 mm eingedrückt, die Rückwandverkleidung ist abgerissen.*
*Geschwindigkeitsmesserantrieb und Verkleidungsstück an den Sicherheitsventilen fehlen. Eine weitere Entkleidung der Lok wäre erwünscht zwecks besserer Überwachung der Luftpumpe usw.*
*Bei der Ausbesserung des Aschkastens bitten wir auf*

Oben: Wenige Tage vor ihrer Verschrottung, aufgenommen am 26. Juni 1957 in Minden: Die ausgemusterte Lok 61 001.
(Foto: Lenius)

Unten: Zu Beginn der fünfziger Jahre in Minden machte die Lokomotive 61 001 in dieser Form Dienst.
(Foto: Bellingrodt)

*die Wiederanbringung der Luftschlitze in der jetzigen Form zu achten. Auch Schornstein und Blasrohr bitten wir nicht zu ändern.*

Doch vergeblich waren diese Bemühungen des Bw Bielefeld, sich seine Lok für Triebwagen-Ersatzzüge zu erhalten. Einen Monat später schrieb die Direktion Hannover, indem sie alle Unterlagen zurückgab: „Da für die Lok keine Einsatzmöglichkeit mehr besteht und sie nicht zum Erhaltungsbestand gehört, ist sie auf Z abzustellen."
Der Buchstabe „Z" hieß „von der Ausbesserung zurückgestellt", doch Hoffnungen konnte man sich keine mehr machen. Zwar wurde, um den Vorschriften zu genügen, die richtige Position der Niedrigwasserstandsmarke im Dezember 1951 überprüft, weil Kesselzerknalle bei der DB zu dieser Maßnahme Anlaß gegeben hatten, aber dann tat sich nichts mehr. Mit Verfügung der Bundesbahn-Hauptverwaltung (21.213 Fuv 154) vom 14. November 1952 wurde die Lokomotive 61 001 nach einer Betriebszeit von sechzehneinhalb Jahren ausgemustert. Sie hatte seit der letzten bahnamtlichen Untersuchung des Fahrgestells vom Anfang 1948 immerhin noch 120 764 km zurückgelegt; seit ihrer Anlieferung Ende Mai 1935 waren es 607 702 km gewesen.
Das Wrack der Maschine stand nun längere Zeit in Minden herum, bis es aufgrund neuerlicher Verfügung der Zentralstelle für Betriebswirtschaft, Offenbach, vom 30. Januar 1957 zum Zerlegen befohlen wurde. Am 7. Juli 1957 rollte die Lok 61 001 daher im Schlepp nach dem AW Braunschweig ab.

# Kapitel 10: Der Stromlinienzug als „Blauer Enzian“

Bereits bei der Behandlung der Geschichte der Lokomotive 61 001 in der Nachkriegszeit ist jenes Zauberwort gefallen, das auch den Henschel-Wegmann-Zug von seinem Dornröschenschlaf auf dem Abstellgleis in Norddeutschland erwecken sollte: Vom neuen „Schnellverkehr“ hatte Schöning da gesprochen, und tatsächlich hatte die Eisenbahn in den westlichen Besatzungszonen schon seit dem Dezember 1948 damit begonnen, wieder innerdeutsche Fernschnellzüge zu fahren. Es handelte sich zumeist um Triebwagenverbindungen mit Material, das die Siegermächte aus der Verwendung als Militärfahrzeuge freigegeben hatten, und mit wieder aufgearbeiteten vormaligen Schadfahrzeugen. Seit Währungsreform und Marshallplan setzte eine beträchtliche Reisetätigkeit ein, zu deren Bewältigung auch dampfbespannte FD-Züge eingelegt werden mußten; endlich ging man auch an den Einbau moderner Antriebe in die Dieseltriebwagen der Reihen VT $04^5$, VT $06^5$ und VT 07.

## Die F-Züge der Bundesbahn

Schon wurde der berühmte VT 08 bestellt, und ab 1951 begann der regelrechte Aufbau eines ganzen F-Zug-Netzes. 1952 wurden die ersten Verbindungen mit Namen belegt; da gab es einen „Hanseat“, einen „Merkur“, den „Rheinblitz“, das „Sachsenroß“, das „Münchner Kindl“ und den „Roland“, fast jeder von ihnen mit Erinnerungen der Eisenbahnfreunde verbunden, die die fünfziger Jahre bei der DB miterlebt haben. Hans-Wolfgang Scharf hat „Die Entwicklung des F-Zug-Verkehrs bei der Deutschen Bundesbahn zwischen 1945 und 1966“ liebevoll und kenntnisreich geschildert.
Das Bild der damaligen F-Züge wurde aber nicht nur von den Schnelltriebwagen, sondern ebenso von den klassischen lokbespannten Garnituren aus drei bis vier blauen Wagen und einem roten DSG-Speisewagen bestimmt, die hinter einer Offenburger $01^{10}$, einer $03^{10}$ aus Altona und Dortmund oder gar hinter der 05 aus Hamm daherkamen. Ihr Wagenmaterial wurde, nachdem ähnliche Maßnahmen für den neuen „Rheingold-Expreß“ ab 1951 große Erfolge gezeitigt hatten, durch eine Modernisierung vorhandener Stahlwagen aus den Baujahren 1928 bis 1940 gewonnen, wobei das Schwergewicht auf den „Schürzenwagen“ der späten dreißiger Jahre lag.
Gut erhaltene Waggons dieser Baujahre waren knapp; man bedenke, daß das ganze F-Zug-Netz des Jahres 1952 mit weit weniger als hundert Fahrzeugen auskam, über die die Zeitschrift „Die Bundesbahn“ mehrfach schrieb.

*Das im Vorjahre angelaufene Programm zur Vollaufarbeitung von Wagen für F-Züge wurde im Frühjahr 1952 beendet. Die 63 blau angestrichenen Wagen 2. Klasse sind in Privatausbesserungswerken in einer den Vorkriegszustand übertreffenden Weise wiederhergestellt worden. An zusätzlichen Neuerungen wäre die Ausrüstung aller Wagen mit Rollenachslagern und die Verbesserung der Laufeigenschaften durch Verringerung der Spiele im Drehgestell zu nennen, ferner wurde eine bedeutende Steigerung des Reisekomforts erzielt. Schließlich bedeutet auch die Ausrüstung aller F-, D- und der meisten Eilzugwagen mit flüssiger Seife und Papierhandtüchern einen weiteren Fortschritt im Sinne der Verkehrswerbung.*

Ein Jahr später, im Rückblick auf 1953, berichtete das nämliche Blatt vor der Beschaffung der ersten Neubau-Schnellzugwagen über die Anstrengungen der Verwaltung, mit dem vorhandenen Material einen anspruchsvollen Verkehr abzuwickeln. Vergessen wir nicht, daß bis 1956 noch drei Wagenklassen geführt wurden, und daß die damalige 2. Klasse bereits mit Luxus aufwartete.

*Nachdem sich im innerdeutschen F-Zug-Netz die kurzen F-Züge aus blauen Wagen außerordentlichen Zuspruchs erfreuen, mußte der F-Zug-Park von ursprünglich 63 auf 77 F-Zug-Wagen durch Vollaufarbeitung vorhandener Wagen neuerer Bauart erweitert werden. Dem gleichen Ziele diente die Wiederherstel-*

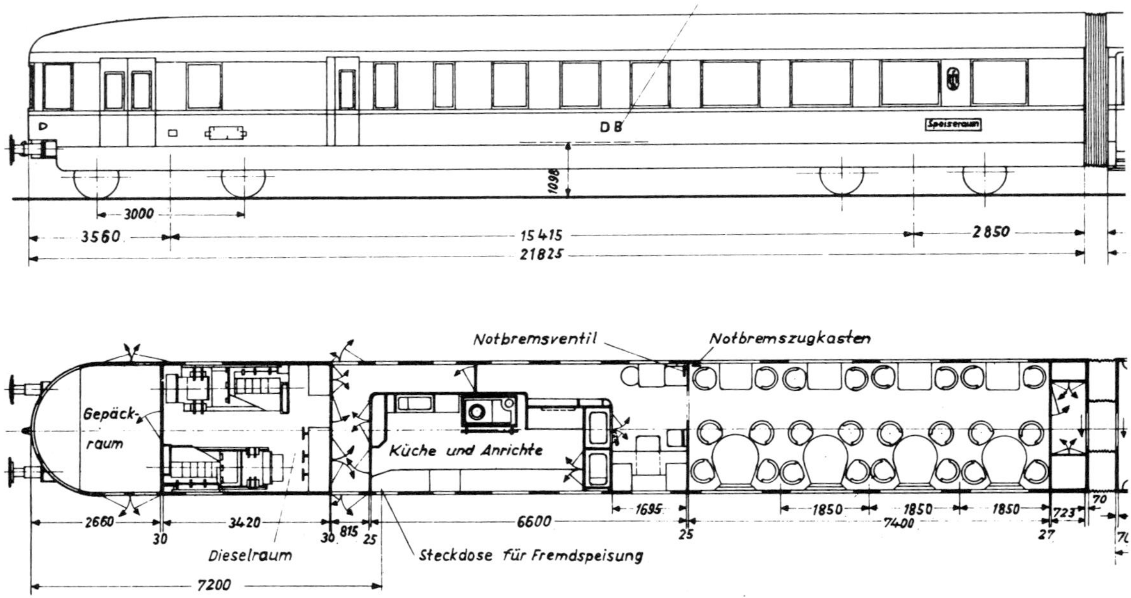


*lung des aus fünf Wagen bestehenden Henschel-Wegmann-Zuges, der neben einer allen Ansprüchen gerecht werdenden Innenausstattung auch ein geschmackvolles Aussichtsabteil hat und mit einer Klimaanlage ausgerüstet ist, deren Strombedarf zugleich mit dem der Beleuchtung aus einer zentralen Kraftstation im Zuge gedeckt wird. Dieser auf der Deutschen Verkehrsausstellung in München gezeigte Zug wird zu Beginn des nächsten Jahres (1954) als „Blauer Enzian" zwischen Hamburg und München zusammen mit einem entsprechenden F-Zug-Park, dem ein z. Z. im Umbau befindlicher Gesellschaftswagen mit Aussichtsabteil eingestellt werden soll, eingesetzt. Schließlich wurde der Neubau von 26,4 m langen F-Zug-Wagen in Angriff genommen, und zwar sind acht Wagen 2. Klasse (B 4ümg) und vier Wagen 2. Klasse mit Küche und Speiseraum (BR 4ümg), eine Bauart, die im Wirtschaftsteil voll dem entsprechenden Wagen des Städteschnellverkehrs entspricht, in Auftrag gegeben. Diese 12 F-Zug-Wagen erhalten Gummiwulstübergang, der so eingerichtet ist, daß er auch mit Faltenbalgen gekuppelt werden kann, ferner Lautsprecheranlage.*

Der umgebaute Wegmann-Zug: Oben der Endwagen 10401 mit Generatoren und Speiseraum, rechts oben die Skizze der drei identischen Mittelwagen 10402 bis 10404 (jeweils 12 Plätze 1. Klasse und 27 Plätze 2. Klasse), darunter der – nicht ausgeführte – Entwurf mit jeweils 37 Plätzen der 2. Klasse.
(Skizzen: Wegmann)

Damit kommen wir auf unseren Salonwagenzug zu sprechen. An dem Entschluß zu seiner Wiederherstellung war gewiß der Zugförderungsreferent in der Bundesbahn-Hauptverwaltung, Ministerialrat Friedrich Flemming, nicht unbeteiligt, der den alten Henschel-Wegmann-Zug 1935, als er noch wissenschaftlicher Hilfsarbeiter bei Friedrich Fuchs in Berlin gewesen war, in einer Kurzmeldung der „Reichsbahn"

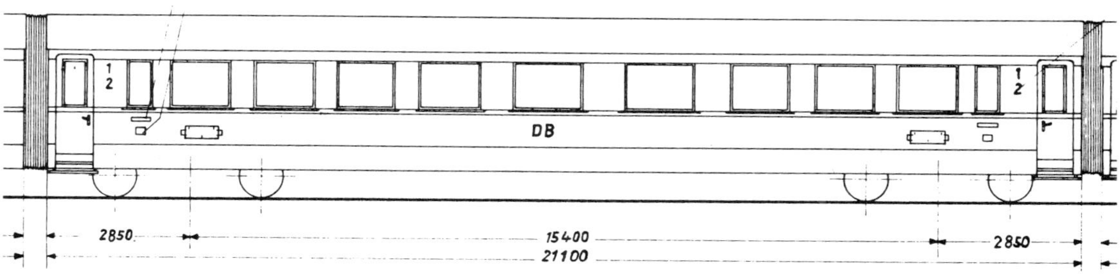


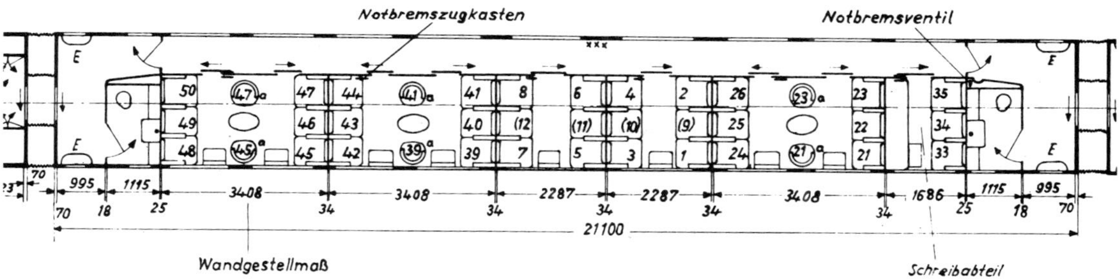


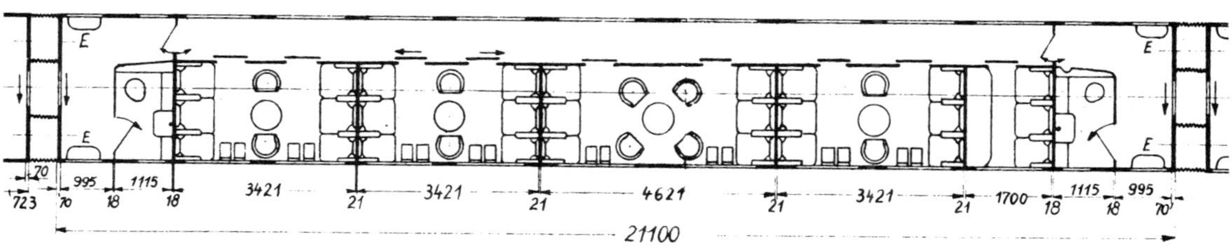


hatte vorstellen dürfen und der seinem älteren Chef damals in vielen Fragen der Stromlinie zur Hand gegangen war. Gerade hatte er sich zwar gegen die weitere Ausbesserung der Lok 61001 ausgesprochen und deren Ausmusterung verfügt, doch die Wagengarnitur schien ihm 1952 noch weitere Investitionen wert.

Es war selbstverständlich, daß die Aufarbeitung wieder dem Herstellerwerk, der traditionsreichen Firma Wegmann & Co in Kassel, übertragen wurde. Dort befand sich, gleichfalls ein Kleinod deutscher Wagonbautechnik, damals gerade der „Nachtgliederzug“ VT 10551 nach dem Entwurf von Kruckenberg im Bau, dessen Entwicklung das ganze Interesse des Altmeisters August Bode galt und der – wie sein Gegenstück VT 10501 als Tageszug „Senator“ von Linke in Salzgitter – die besondere Förderung des Bundesbahnpräsidenten Frohne genoß. Man schwelgte ja in einer neuen Welle von „Amerikanismus“, in welcher das Aluminium, die Stromlinie, eine Klimaanlage und Rundfunkapparate im Zug als allerletzter Schrei galten.

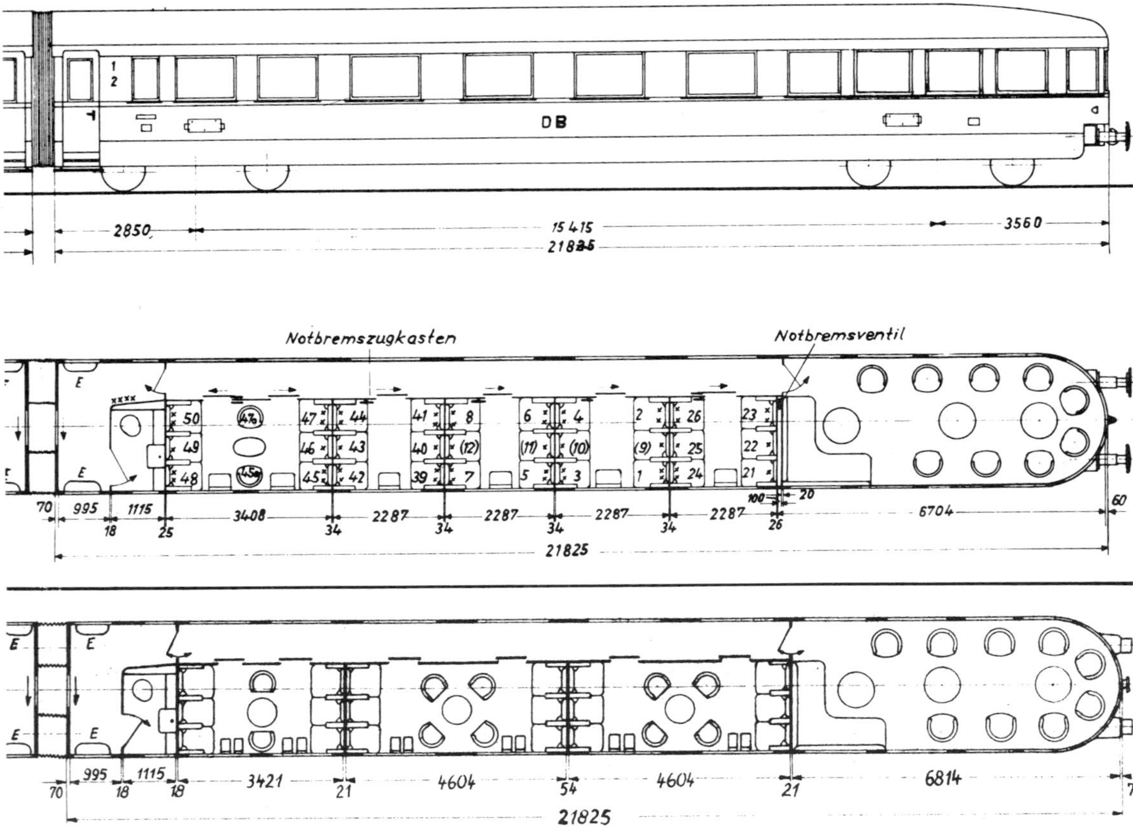


Der Endwagen 10405 im umgebauten Zustand mit 20 Plätzen der 2. Klasse und 12 Plätzen der 1. Klasse, darunter der Vorschlag mit – wie bei den entsprechenden Mittelwagen – nochmals 37 Plätzen 2. Klasse, der nicht realisiert wurde. (Skizzen: Wegmann)

## Ein Umbau bei Wegmann

Im Laufe des Jahres 1952 arbeitete Wegmann insgesamt drei verschiedene Projekte für die neue Einrichtung des Zuges aus, davon eines nur mit Plätzen der (alten) 2. Klasse, denn man wollte die Wiederherstellung mit einer Anpassung der Raumaufteilung an neuzeitliche Gesichtspunkte verbinden. Konferenzabteil war ein weiteres Zauberwort jener Zeit. Gleichzeitig sollten die Schwierigkeiten, die sich früher mit der Stromversorgung von den Turbogeneratoren auf der Lokomotive ergeben hatten, umgangen werden durch den Einbau eines eigenen Diesel-Maschinensatzes. Betriebsmaschinendienstlich sollte der Zug wahlweise mit Dampf-, Diesel- oder Elektrolokomotive bespannt werden können, worauf es besonders bei der Auslegung der Heizung Rücksicht zu nehmen galt. Und endlich sollten alle drei Mittelwagen wieder gleich ausgebaut werden, um die Zahl der Wagentypen nicht noch weiter ansteigen zu lassen. Über die schließlich gefundene Ausführung geben die

Zeichnungen und die Fotografien der Innenräume Aufschluß. Besonders zu erwähnen ist der Einbau einer vierten Federung in die Görlitzer Drehgestelle. Äußerlich fallen an den Wagenkästen der Ersatz ihrer Schiebetüren durch Klapptüren, der Wegfall des Einstieges im Aussichtsraum sowie eine weitgehende Umgestaltung des „Dienstwagens mit Speiseraum“ auf.

Sein früheres Postabteil war verkleinert und zur Packkammer geworden; hieran schloß sich der Dieselraum an. Der – für Fahrgäste nicht vorgesehene – Einstieg lag jetzt zwischen den Motoren und der vergrößerten Küche mit Anrichte, zu deren Gunsten die Toilette in diesem Wagen (10 401) entfallen war. Der Speiseraum bot nun 24 Plätze. In der Decke über dem Oberkellnerraum zwischen Anrichte und Restaurant wurde die Klimaanlage dieses Fahrzeugs untergebracht, während das große Verdichter-Verflüssiger-Aggregat in jedem Wagen unter dem Fußboden aufgehängt wurde.

Die drei Mittelwagen (10 402 bis 404) waren in ihrem Aufbau vollkommen gleich; hier waren die Kältemittelverdampfer stets in einem Vorraum über Einstieg und Abort montiert. Sie versorgten jeweils drei Großraumabteile 2. Klasse, die durch zwei Türen, zwei Fenster, insgesamt acht Plätze – davon zwei Drehsessel – und einen beweglichen Tisch in der Mitte auffielen. In Wagenmitte, also im Bereich größter Laufruhe, waren zwei geräumige Abteile 1. Klasse mit jeweils sechs Plätzen eingebaut, von denen allerdings, um den Klassenunterschied erklären zu können, regelmäßig nur vier Sitze reserviert und belegt wurden. Erst mit der neuen Klasseneinteilung von 1956 wurden alle Plätze des F-Zug-Dienstes einheitlich der 1. Klasse zugeschlagen. Endlich besaßen die drei Mittelwagen jeweils noch ein etwas verlegenes Halbabteil, das als Schreib- oder Dienstraum bezeichnet wurde.

Der andere Endwagen (10 405) lehnte sich weitgehend an die Ausstattung der Mittelwagen an. Er besaß, vom Einstieg her gesehen, ein Großabteil und ein Normalabteil 2. Klasse, sodann zwei Abteile 1. Klasse und ein weiteres Normalcoupé 2. Klasse. Das Aussichtsabteil war nun mit neun Drehsesseln, drei beweglichen Tischen und einer bequemen Eckbank bestückt, bot also wesentlich mehr Platz als zuvor.

Insgesamt wies der Zug bei 110 m Länge und 190 t Gewicht in seinen Abteilen der 2. Klasse Platz für 101, in der 1. Klasse Platz für 36+12 = 48 Fahrgäste auf, die Sitze in Speise- und Aussichtsräumen also nicht gerechnet.

Zur Unterstützung der Klimageräte bei niedrigen Temperaturen waren auch eine Dampfheizung und elektrische Widerstandsheizkörper vorhanden. Die klimatisierte Luft wurde durch Lochplatten in den Abteildecken eingeblasen, strömte sodann durch Gitter in die Seitengänge und wurde hierauf, gefiltert und mit Frischluft gemischt, vom Dachaggregat erneut klimatisiert und in die Kanäle gedrückt.

Die Kühlung wurde vom Zugpersonal für alle Abteile zugleich geregelt, während für die Heizungsregelung seitens der Fahrgäste überall Thermostate angebracht waren, die neben der eingeblasenen Warmluft die einzelnen Heizkörper einzuschalten vermochten. Dabei verstand es sich von selbst, daß nur noch fest verkittete Doppelfenster eingebaut werden konnten. Leuchtstofflampen, teilweise als indirekte Beleuchtung, bestanden im neuen Henschel-Wegmann-Zug eine ihrer ersten Bewährungsproben. Als letzte Feinheiten der elektrischen Anlage seien der Kellnerruf in jedem Abteil sowie eine Lautsprechanlage für Durchsagen und Musikübertragung erwähnt. Am 16. Juni 1953 verließ der so ausgerüstete Zug die Waggonfabrik von Wegmann in Kassel.

Seine öffentliche Premiere hatte der neue, blaue Henschel-Wegmann-Zug, wie oben schon gemeldet, auf der Münchner Verkehrsausstellung vom 20. Juni bis 11. Oktober 1953. Dort teilte er sich im Freigelände die Positionen 2 a und 2 b am DB-Bahnsteig mit den beiden Gliederzügen dergestalt, daß immer einer der VT 10 zu Probe- und Vorführungsfahrten für ausländische Gäste unterwegs sein konnte. Unser Bild zeigt ihn Seite an Seite mit dem Tageszug, während die Pläne der Aussteller ursprünglich vorgesehen hatten, ihn gerade mit diesem VT 10 501 im Wechsel zu präsentieren. Lesen wir noch einmal, was die „Bundesbahn“ über die moderne Eisenbahn auf der DVA 1953 zu berichten wußte.

*Ob die für europäische Verhältnisse neuartigen Reisebequemlichkeiten auch durch Umbau bisher bewährter Fahrzeuge erreicht werden können, soll an dem*

Oben: Der fertige Zug, im Juni 1953 von Wegmann mit der Direktionsanschrift München geliefert. (Werkfoto)

Unten: Auf der Münchner Verkehrsausstellung von 1953 stand der Henschel-Wegmann-Zug neben dem Kruckenberg-Gliederzug. (Foto: Ernst)

*wiederhergestellten Henschel-Wegmann-Leichtbauzug erprobt werden. Dieser war vor dem Kriege als Leicht-Dampfschnellzug auf der Strecke Berlin–Dresden eingesetzt. An der Wagenkonstruktion wurde wenig geändert, dagegen wurden der Grundriß und die Innenausstattung entsprechend dem künftigen Einsatz im F-Zugfahrplan nahezu vollkommen umgestaltet. Die Abteile 3. Klasse wurden ebenfalls für die 2. Klasse verwendet. Neben den Abteilen normaler Länge wurden durch Herausnahme der Zwischenwände eine Anzahl geräumigerer Abteile geschaffen, die mit einem runden Tisch und zwei zusätzlichen losen Sesseln ausgerüstet wurden. Der eine Endwagen erhielt einen Aussichtsraum mit 14 Sitzplätzen; im anderen ist das DSG-Speiseabteil mit aufgelockerter Sitzanordnung neben der Küchenanlage untergebracht.*

*In diesen Fünfwagenzug wurden nun von der Firma BBC, Mannheim, ebenfalls Klimaanlagen eingebaut, welche die angesaugte Luft gereinigt und angenehm temperiert mit dem erforderlichen Feuchtigkeitsgrad in die Fahrgasträume bringt. Eine Zusatzheizung, welche sich ebenfalls selbsttätig regelt, ist nur für außergewöhnliche niedere Temperaturen vorgesehen. Die Beleuchtung ist gleichfalls nach den neuesten Gesichtspunkten entwickelt. Der gesamte Energiebedarf wird in einer Zentrale durch zwei synchron laufende luftgekühlte Sechs-Zylinder-Dieselmotoren zu je 75 PS mit ihren unmittelbar gekuppelten Drehstromgeneratoren 380/220 V, 50 Hz, 60 kVA gedeckt. Durch die Wahl der normalen Spannung können auch alle elektrischen Einrichtungen in normaler Bauart verwendet werden.*

Links: Blick in ein dreiplätziges Kleinabteil, auch als Schreibabteil verwendet.

Unten: das Großabteil mit den beiden Drehsesseln war das besondere Merkmal des umgebauten Zuges. (Fotos: Wegmann)

DB
SPEISERAUM

1
2
DB
1
2

1
2
1
2
DB
2

Links: Beim Abtransport von der Verkehrsausstellung wurden die Wagen 10401, 10402 und 10405 auf der Münchner Hackerbrücke aufgenommen; 12. Oktober 1953. (Fotos: Dr. Scheingraber)

Rechts: Zwei Ansichten des Aussichtsabteils im Endwagen 10405 des Henschel-Wegmann-Zuges. (Fotos: Wegmann, Pragher)

Inzwischen war auch ein geeigneter Fahrplan für den neuen Zug gefunden. Betrieblich machte es nämlich der Wunsch, den Aussichtsraum aus Gründen der Werbung stets am Zugende zu haben, erforderlich, die Garnitur in einer Verkehrsbeziehung einzusetzen, in der sie unterwegs keinen Kopfbahnhof berührte. An den Endbahnhöfen wollte man ihn nun, anders als vor dem Kriege zwischen Berlin und Dresden, über Gleisdreiecke laufen lassen, um das Aussichtsabteil immer am Zugschluß zu belassen.

## Fünf Jahre im Einsatz zwischen Hamburg und München

Aus diesen Gründen bot sich die Nord-Süd-Strecke zwischen Hamburg und München an, deren Spitzenzug „Blauer Enzian" damit weiter aufgewertet werden konnte. Im Frühjahr 1954 wurde die Garnitur in diesen Umlaufplan eingesetzt.

Oben wurde bereits angedeutet, daß zur Geschichte des Henschel-Wegmann-Zuges als „Blauer Enzian" auch die Beschreibung des „Gegenzuges" gehört, denn bei einer Fahrtdauer von rund zehn Stunden in einer Tagesverbindung ist es selbstverständlich, daß man zur Bewältigung des Dienstplanes F 55/56 zwei Wagengarnituren benötigte. Der zweite Park sollte nun, um gegenüber dem Wegmann-Zug nicht allzusehr abzufallen und um die Platzreservierung unabhängig von dem jeweils laufenden Zug zu machen, ebenfalls ein Aussichtsabteil und auch die bewußten Großraumabteile aufweisen. An eine Klimatisierung war allerdings nicht gedacht.

Man entschloß sich daher, einen der regulären Fünf-Wagen-Züge nur mit zwei der üblichen Fahrzeuge AB 4 üe und dem obligaten Speisewagen zu bestücken, ihnen aber zwei Sonderwagen zur Seite zu stellen, die allein auf den „Blauen Enzian" zugeschnitten waren.

So besaß die DB einen Bereisungswagen mit Aussichtsabteil, der vermutlich erst 1950 aus einem Schnellzugwagen der 3. Klasse (Gattung C 4 ü-38, Nummer 19 347) zum Salonwagen (Gattung Salon 4 ü-38/50, Nummer 10 217) umgebaut worden war. Dieser wurde nun, gleichfalls bei Wegmann, durch Umbau des bisherigen Arbeitsraumes in ein echtes Aussichtszimmer, durch Entfernen des Badabteils und durch eine ganz neue Einrichtung zu einem F-Zug-Wagen der Gattung AB 4 üe, Nummer 11 700, umgestaltet. Im Zuge der Wagenklassenreform 1956 wurden seine 39 Sitzplätze komplett der 1. Klasse zugeschlagen und die Gattung in A 4 üe-38/50/54 abgeändert.

Nächst diesem Aussichtswagen war in die zweite Garnitur für den „Blauen Enzian" ein langer Schürzenwagen eingereiht, der noch aus dem Park der vormaligen Reichsregierung stammte. Es handelte sich um den einst als Pressewagen (Gattung Salon Presse 4 üe-37, Nummer 10 251) in Dienst gestellten und nach dem Kriege beim Amerikanischen Hochkommissar verwendeten F-Zug-Wagen der Gattung AB 4 üe-37/53, den ebenfalls Wegmann hergerichtet hatte. Die neue Nummer lautete jetzt 11 701. Der Grundriß zeigt vier größere Abteile sowie ein Halbabteil als Besonderheiten, die zum Teil auf die alte Fensterteilung zurückzuführen sind. Ab 1956 führte er nur noch die 1. Klasse, Gattung daher A 4 üe. Diese beiden Wagen fuhren zusammen stets am Schluß des „Gegenzuges" im Umlauf F 55/56.

Betrachten wir nun die Vorgänge in der Zugförderung im einzelnen. Bereits seit dem 1. Juli 1951 verkehrte von München über Augsburg, Würzburg, Bebra und Hannover nach Hamburg-Altona und zurück der Schnelltriebwagen Ft 55/56 als „Blauer Enzian", der die 816,5 km lange Strecke nach Norden in 9 Stunden 20 Minuten (Reisegeschwindigkeit 90,8 km/h) und die Gegenrichtung in 9 Stunden 14 Minuten zurücklegte. Das war mit einem Schnitt von 93,6 km/h der Spitzenreiter unter allen Zügen der DB.

Im folgenden Jahresfahrplan 1952/53 auf Lokbespannung und Schnellzugwagen AB 4 üe (blau) umgestellt, brauchte der Zug in jeder Richtung etwa fünfzig Minuten länger, doch war dieser Wandel wegen der großen Publikumsnachfrage allenthalben unvermeidlich. Man versuchte, die Reisegeschwindigkeit durch nur sechs Zwischenhalte (mittlerer Haltestellenabstand 136,1 km) so hoch wie möglich zu drücken, doch schlugen allein drei Lokwechsel mit 10 und 6 und nochmals 7 Minuten zu Buche. Zwar trachtete man danach, wenigstens den Traktionswechsel in

Zum Einsatz im „Blauen Enzian“ modernisierte die Firma Wegmann auch zwei weitere F-Zug-Wagen, um auch im Gegenzug des Henschel-Wegmann-Zuges ein Aussichtsabteil und Großräume anbieten zu können. Oben der Endwagen 10700, darunter der an ihn gekuppelte Wagen 10701. (Skizzen: Wegmann)

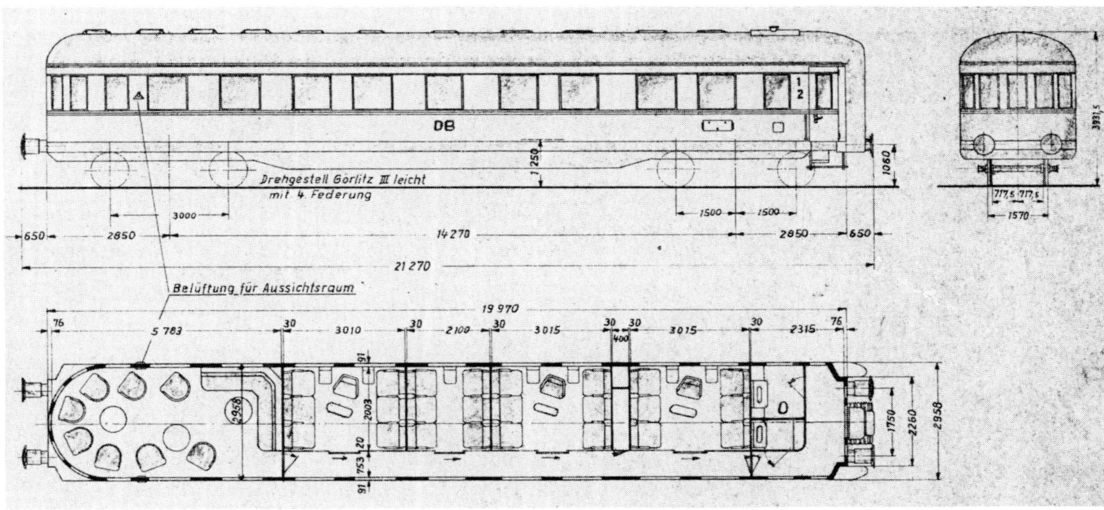


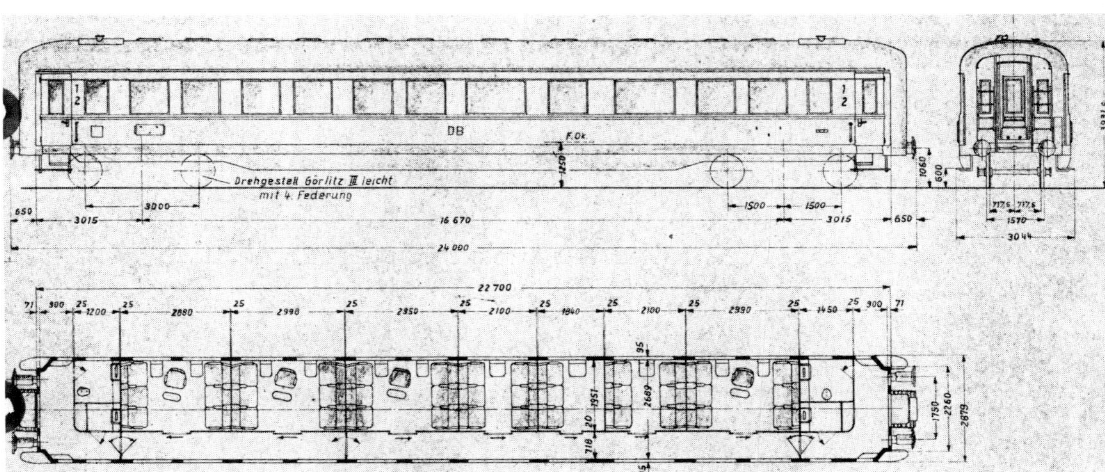

Oben: Von München bis Treuchtlingen beförderte die E 18 den „Blauen Enzian". Zug F 55 am 5. August 1954 in München Hbf, jetzt vorübergehend mit der Direktionsanschrift Hamburg.
(Foto: Hanold)

Unten: Der schon genannte „Gegenzug" im Plan des „Blauen Enzian", hier als F 55 hinter Lok 01083 bei der Fahrt durch Bahnhof Gemünden am Main. Am Zugschluß die beiden auf S. 139 gezeigten Wagen.
(Foto: Bellingrodt)

Treuchtlingen von und auf E 18 zu umgehen, indem man von und bis München unter dem Fahrdraht mit Dampf durchfuhr, doch hielt sich dieses unwirtschaftliche Vorgehen nur bis zum Mai 1954. Es blieb also bei den Lokwechseln in Treuchtlingen, Fulda und Hannover, bis im Sommer 1957 die Diesellok-Baureihe V 200 auftauchte.

Dreimal Umspannen auf einer solchen Distanz wird manchen Leser sicher wundern. Bedenken wir jedoch, daß die Epoche der Dampflok-Langläufe bei der Bundesbahn, obwohl bereits seit 1951 gewaltige Anstrengungen unternommen wurden, so richtig erst 1957 mit der Lieferung von zehn ölgefeuerten Loks $01^{10}$ an Bebra und von zwanzig Stück an Osnabrück begann. Die davor eingeleiteten Versuche, dem Mangel an Schnellzugloks durch erhöhte Laufleistungen zu begegnen, hatte nicht auf allen Strecken und mit allen Baureihen durchgehalten werden können, so beeindruckend die Leistungen in einzelnen Fällen auch erscheinen mögen.

So wurde der „Blaue Enzian“ von Hamburg bis Hannover, wo der Betriebsdienst nur ungern einen Lokwechsel ausführte, von einer Altonaer $03^{10}$ gezogen. Nun übernahm eine $01^{10}$, damals noch kohlegefeuert, vom Bw Bebra den Zug bis nach Fulda. In Fulda stand dann eine 01 aus Treuchtlingen, seltener auch aus Nürnberg oder Würzburg, bereit, um den F 56 bis zum Übergang auf eine E 18, hin und wieder auch auf eine der neuen E 10, in Treuchtlingen zu befördern. In elektrischer Traktion wurde sodann München Hbf. angefahren.

Als man mit den Ölloks schließlich die Anstrengung für Personal und Maschine auf diesen Strecken vermindern konnte – im Jahre 1959 fuhren $01^{10}$ aus Bebra und Kassel mit Zügen von Hannover bis Treuchtlingen, 1962 gar von Hamburg bis Treuchtlingen durch –, da hatte die leichtere F-Zug-Förderung bereits eine Maschine übernommen, die schon auf der Verkehrsausstellung in München für Aufsehen gesorgt hatte.

Ein weiterer Star der Schau von 1953 war nämlich die nagelneue Diesellok V 200 gewesen, von der damals die ersten fünf Exemplare angeliefert wurden. Auch sie hat man zuerst zu Demonstrationszwecken einige Male vor den erneuerten Henschel-Wegmann-Zug gespannt, als dieser noch nicht im öffentlichen Verkehr war, doch erfuhren die fünf Maschinen sodann ihren Betriebseinsatz beim Bw Frankfurt-Griesheim, etwa vor F 34 „Gambrinus“ zwischen Hamburg und Frankfurt (M). Die nachbestellten fünfzig Maschinen der ersten Serie V 200 traten ja erst, durch den Streik in der norddeutschen Stahlindustrie verzögert, ab Sommer 1957 auf den Plan. Dieser Lok, die bald im schweren Schnellzugdienst mit allerhand Problemen zu kämpfen hatte, war natürlich ein Dienstplan vor fünf Leichtbauwagen wie auf den Leib geschneidert. Die V 200 der Bw Altona und Griesheim liefen vor F 55/56 nun ab 1957 auch über die 688 km zwischen der Hansestadt und Treuchtlingen, im südlichen Abschnitt von Würzburger Personal gefahren, durch. Eine Reisezeitverkürzung war damit vorläufig nicht verbunden.

Erst zum Sommerfahrplan 1959 und sodann zum Sommerfahrplan 1960 wurde jeweils etwa eine halbe Stunde eingespart; inzwischen war auch die Elektrifizierung der Nord-Süd-Strecke im Abschnitt zwischen Gemünden und Hanau sowie Bebra, Hannover und Hamburg angelaufen, deren Tunnelbauarbeiten dem Fahrplan gewisse Reserven auferlegte.

Doch diese Maßnahmen betrafen wohl noch den „Blauen Enzian“, der weiterhin zu den Spitzenzügen der DB gehörte, den Henschel-Wegmann-Zug berührten sie indes nicht mehr, denn der stand seit April 1959 auf dem Abstellgleis. Zwar hatte er, auch nach Ansicht des für Wagen älterer Bauart zuständigen Dezernenten im Bundesbahn-Zentralamt Minden, sein Geld noch nicht wieder eingefahren, aber die Anlieferung immer neuer A 4 ümg-Wagen, die betriebliche Besonderheit mit dem Aussichtsabteil am Zugschluß sowie Beschwerden aus dem Reisepublikum wegen des Schüttelns der Görlitzer Drehgestelle ließen die Verwaltung von einer neuen Volluntersuchung R 6 Abstand nehmen. Da half es wenig, wenn andere Fahrgäste seine großzügigen Abteile oder seine Klimatisierungsanlage lobten, zu deren Komfort die Ausstattung der Züge in so reizvollem Gegensatz stand, mit denen man beispielsweise von Bebra die Anschlußfahrt an den F 55/56 unternahm: Es wartete der Wittfeld-Akkuwagen am Bahnsteig, die Motoren unter dem Abteil 2. Klasse heulten vernehmlich auf, und ab nach Kassel ging die Reise. Später versah diesen Dienst ein ETA 176.

EISENBAHNSCHAU

Links oben: Als F 56 hinter Lok 01 039 bei Elm. (Foto: Bellingrodt)

Links Mitte: Am 18. September 1955 durchfuhr der Zug mit Lok 01 037 den Bahnhof Gunzenhausen. (Foto: Bellingrodt)

Links unten: Bei Fulda, am 22. Mai 1958, wird der Zug von der Lok V 200 019 befördert. (Foto: Claus)

Im AW Neuaubing, wo der Henschel-Wegmann-Zug erst im Juli 1958 einen neuen Anstrich erhalten hatte, wurde er nach längerer Standzeit im März 1962 auch buchmäßig ausgemustert. Dort ist er, inzwischen von Unkraut ganz zugewuchert, einige Zeit später verschrottet worden.

Mit dem Abschied des Henschel-Wegmann-Zuges aus dem Plandienst wurde auch sein Gegenstück, das Wagenpaar mit dem Aussichtsabteil, aus dem Umlauf des „Blauen Enzian“ zurückgezogen. Diese beiden Fahrzeuge, deren Unterhaltung wegen der Verwandtschaft mit anderen alten Schnellzugwagen leichter abzuwickeln war, sind aber selbst heute noch gelegentlich im öffentlichen Verkehr zu sehen: Der Endwagen 11 700 erscheint als „Stuttgarter Präsidentenwagen“ in blauem Anstrich immer wieder auf Presse- und Sonderfahrten; er kann auch gemietet werden. Die heutige Nummer lautet 89–43 500–4, die Bauartbezeichnung Büg 365. Auf dem Längsträger werden nur noch die 24 in den vier Abteilen fest vorhandenen Plätze angegeben. Er läuft übrigens inzwischen auf Minden-Deutz-Drehgestellen.

Der andere Schürzenwagen gehört noch zur Saarbrücker Militärbereitschaft, dient aber auch als Verstärkungswagen 1. Klasse für den Kölner Schnellzug D 607, wenn dies der Verkehr erfordert. Seine heutige Wagennummer ist 17–43 030–8, die Bauart Aüe 309.

Die letzten Bilder des ausgemusterten Salonwagenzuges vor seiner Zerlegung. (Fotos: Bündgen)

# Inhalt